李銘輝博士／主編

國際會議規劃與管理

〔第二版〕

International Conference Management

沈燕雲、呂秋霞◎編著

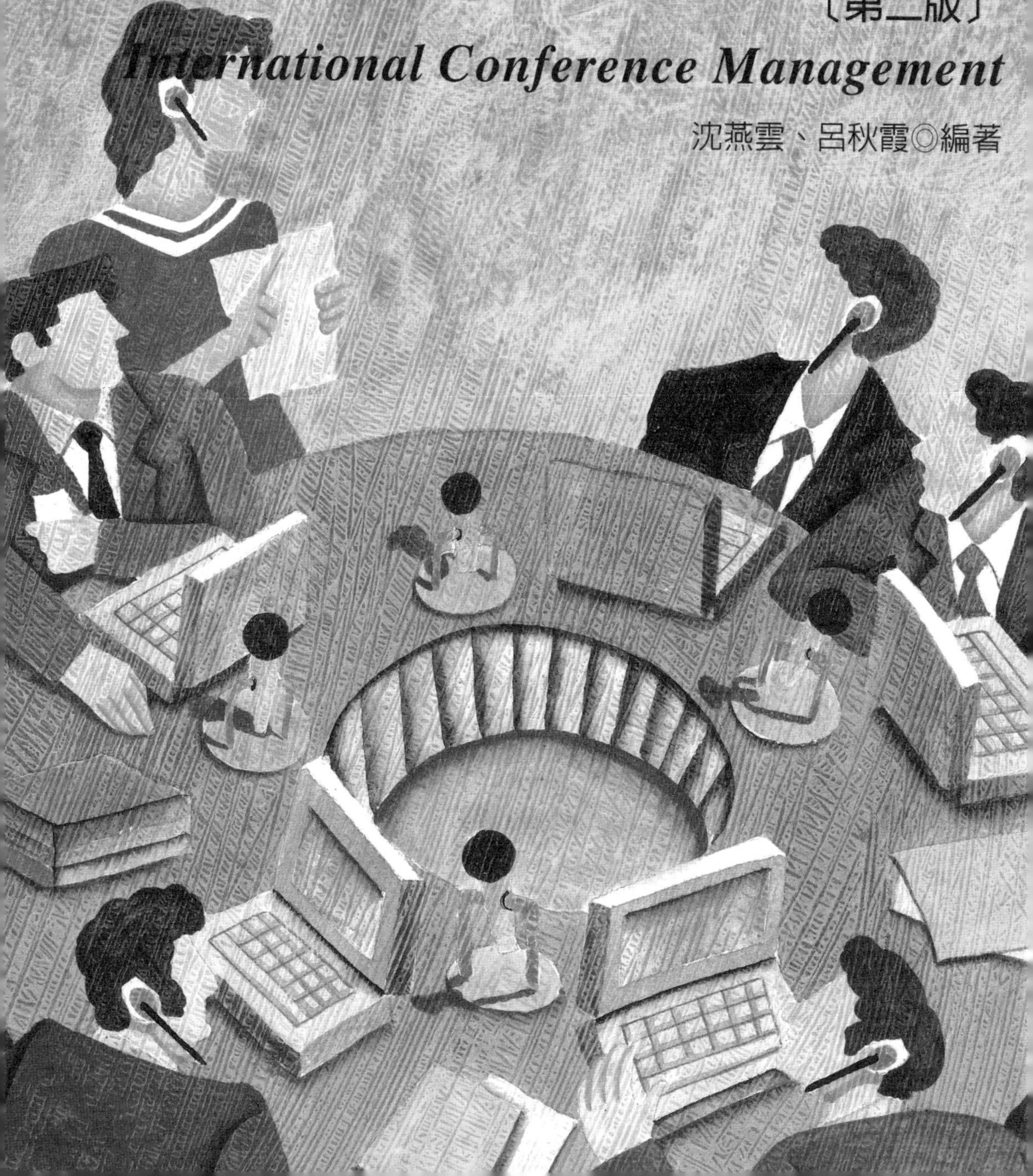

揚智觀光叢書序

觀光事業是一門新興的綜合性服務事業，隨著社會型態的改變，各國國民所得普遍提高，商務交往日益頻繁，以及交通工具快捷舒適，觀光旅行已蔚為風氣，觀光事業遂成為國際貿易中最大的產業之一。

觀光事業不僅可以增加一國的「無形輸出」，以平衡國際收支與繁榮社會經濟，更可促進國際文化交流，增進國民外交，促進國際間的瞭解與合作。是以觀光具有政治、經濟、文化教育與社會等各方面為目標的功能，從政治觀點可以開展國民外交，增進國際友誼；從經濟觀點可以爭取外匯收入，加速經濟繁榮；從社會觀點可以增加就業機會，促進均衡發展；從教育觀點可以增強國民健康，充實學識知能。

觀光事業既是一種服務業，也是一種感官享受的事業，因此觀光設施與人員服務是否能滿足需求，乃成為推展觀光成敗之重要關鍵。惟觀光事業既是以提供服務為主的企業，則有賴大量服務人力之投入。但良好的服務應具備良好的人力素質，良好的人力素質則需要良好的教育與訓練。因此觀光事業對於人力的需求非常殷切，對於人才的教育與訓練，尤應予以最大的重視。

觀光事業是一門涉及層面甚為寬廣的學科，在其廣泛的研究對象中，包括人（如旅客與從業人員）在空間（如自然、人文環境與設施）從事觀光旅遊行為（如活動類型）所衍生之各種情狀（如產業、交通工具使用與法令）等，其相互為用與相輔相成之關係（包含衣、食、住、行、育、樂）皆為本學科之範疇。因此，與觀光直接有關的行業可包括旅館、餐廳、旅行社、導遊、遊覽車業、遊樂業、手工藝品以及金融等相關產業，因此，人才的需求是多方面的，其中除一般性的管理服務人才（如會計、出納等）可由一般性的教育機構供應外，其他需要具備專門知識與技能的專才，則有賴專業的教育和訓練。

然而，人才的訓練與培育非朝夕可蹴，必須根據需要，作長期而有計畫的培養，方能適應觀光事業的發展；展望國內外觀光事業，由於交通工具的改進、運輸能量的擴大、國際交往的頻繁，無論國際觀光或國民旅遊，都必然會更迅速地成長，因此今後觀光各行業對於人才的需求自然更為殷切，觀光人才之教育與訓練當愈形重要。

近年來，觀光學中文著作雖日增，但所涉及的範圍卻仍嫌不足，實難以滿足學界、業者及讀者的需要。個人從事觀光學研究與教育者，平常與產業界言及觀光學用書時，均有難以滿足之憾。基於此一體認，遂萌生編輯一套完整觀光叢書的理念。適得揚智出版公司有此共識，積極支持推行此一計畫，最後乃決定長期編輯一系列的觀光學書籍，並定名為「揚智觀光叢書」。依照編輯構想，這套叢書的編輯方針應走在觀光事業的尖端，作為觀光界前導的指標，並應能確實反映觀光事業的眞正需求，以作為國人認識觀光事業的指引，同時要能綜合學術與實際操作的功能，滿足觀光餐旅相關科系學生的學習需要，並可提供業界實務操作及訓練之參考。因此本叢書有以下幾項特點：

1.叢書所涉及的內容範圍儘量廣闊，舉凡觀光行政與法規、自然和人文觀光資源的開發與保育、旅館與餐飲經營管理實

務、旅行業經營，以及導遊和領隊的訓練等各種與觀光事業相關課程，都在選輯之列。

2.各書所採取的理論觀點儘量多元化，不論其立論的學說派別，只要是屬於觀光事業學的範疇，都將兼容並蓄。

3.各書所討論的內容，有偏重於理論者，有偏重於實用者，而以後者居多。

4.各書之寫作性質不一，有屬於創作者，有屬於實用者，也有屬於授權翻譯者。

5.各書之難度與深度不同，有的可用作大專院校觀光科系的教科書，有的可作爲相關專業人員的參考書，也有的可供一般社會大衆閱讀。

6.這套叢書的編輯是長期性的，將隨社會上的實際需要，繼續加入新的書籍。

身爲這套叢書的編者，謹在此感謝產、官、學界所有前輩先進長期以來的支持與愛護，同時更要感謝本叢書中各書的著者，若非各位著者的奉獻與合作，本叢書當難以順利完成，內容也必非如此充實。同時，也要感謝揚智出版公司執事諸君的支持與工作人員的辛勞，才使本叢書能順利地問世。

李銘輝　謹識

朱 序

隨著經濟的發展和交通運輸的進步，全世界已變成爲一個「地球村」。台灣國際化的腳步近年來也逐漸加快，在台灣召開國際會議和展覽的次數也與日俱增，大家都有很多機會參加國際會議和展覽，也都有很多機會籌辦國際會議和展覽，所以瞭解一項會議或展覽如何籌備以及如何使會議在完善的規劃下圓滿舉辦成功，已經是一位現代人必備的知識。

在國外，籌辦會議和展覽是一門專業的學問，專業會議籌辦人（Professional Conference Organizer, PCO或Meeting Planner）都必須經過專業的訓練和學習，也有許多專業書籍討論，但國內目前尚缺乏會展專業人員養成制度，也較少會議籌備的專業書籍，這些方面都還有待我們會議產業界來共同努力。

非常高興看到沈燕雲與呂秋霞兩位小姐共同出版這本專業書籍。沈小姐曾在美國進修會議展覽籌辦的專業課程，並曾任會議顧問公司暨展覽公司的副總經理及行銷總監，更擔任過中華民國國際會議推展協會秘書長，籌辦過多次成功的大型國際會議和展覽，從事PCO工作有十幾年經驗，是國內會議展覽業界中少數經過正統會議展覽籌辦訓練而且實務經驗兼備的優秀專業人士之一，也是目前台灣第一位獲得美國專業證書的人。呂秋霞小姐也是在會議產業中從事PCO工作有十幾年的經驗的專業人士，曾經籌辦過無數成功的國際會議。

「讓台灣走入世界，讓世界走進台灣」是我們會議展覽界邁入二十一世紀的最大願望，我相信我們的努力一定會開花結果，沈燕雲與呂秋霞兩位小姐這本書的出版爲我們的努力作了最好的註解。

台北國際會議中心主任

中華民國國際會議推展協會名譽理事長

李明道

脫 序

二十一世紀雖是一個資訊科技時代，但人與人之間面對面的溝通交流仍非常重要，所以國際會議及展覽等活動並不會因而受到影響。身爲中華民國國際會議推展協會理事長，本人深刻瞭解國際會議的舉辦對於主辦國家及城市在推展國民外交、促進政經、文化學術交流、增加觀光收入，甚至帶動相關產業發展等都有很大的助益。國際會議的舉辦多寡也相對的反映出該地國際化的程度，所以許多國家及城市都積極爭取此一市場。

當然，爭取主辦一個重要的國際會議必須靠政府及民間共同大力支持，台灣目前尚無專責單位來統籌會議推廣事宜，因此端賴交通部觀光局及中華民國國際會議推展協會在有限的經費及人力下，盡力扮演輔導、推廣、教育等的角色。在這樣一個困難的狀況下，欣聞沈燕雲及呂秋霞兩位在會議產業界已有多年實務經驗的會議籌組人要共同出版這本《國際會議規劃與管理》的專業書籍，本人除了加以鼓勵之外，也提供一些參考資料藉以豐富此書的專業內容。

沈燕雲與呂秋霞兩人早在1991年ASTA、PATA、YPO等重要國際會議展覽來台召開時，本人即與兩人先後合作籌備該等活動。這麼多年來，很高興看到兩人經歷無數次大大小小籌辦會議的磨練洗禮，且除在會議產業界繼續努力「立功」外，更將兩人之所學及豐富的實務經驗貢獻出來，共同「立言」出版這本專業書籍。本人樂見藉由這本書的出版，能夠帶動更多有興趣的人加入會議產業，使同行有切磋的機會，讓國際會議更受政府與民間重視，也讓會議籌組人的專業更受肯定。

會議、展覽與活動的籌辦是一門專業的學問，在此專業分工的時代，本人衷心期望沈燕雲及呂秋霞這本《國際會議規劃與管理》的出版，能有助於提升這個產業專業人員的養成，讓更多的會議籌組專業人員來籌辦更多的國際會議，讓台灣成爲亞洲最重要的會議地點之一。

中華民國國際會議推展協會理事長

[signature]

自 序

有鑑國人對於會議產業的瞭解不夠，加上會議經理人本身專業不足，使得會議產業在台灣一直無法受到重視。反觀新加坡面積雖小，自然資源缺乏，但是政府瞭解會議產業的效益，成立會議局全力推廣會議與展覽，使得新加坡成爲亞洲重要的會議國家。全球化已是必然的趨勢，加入WTO後，台灣與全球各國及兩岸的接觸也日益頻繁，國際會議與活動將會越來越受重視。

筆者兩人都在因緣際會的情形下投入國際會議的產業，也都在這個產業從事多年的實務工作，多年來一直希望這些專業訓練及實務經驗能傳承下來，也有感於國內國際會議產業方面至今仍無一本專書，因此兩人以拋磚引玉的心態，將國際會議的規劃與管理，分成六大篇編寫本書，從第一篇的緒論介紹國際會議的定義與種類，以及其效益與現況，讓讀者對國際會議有一層基本的認識；到第二篇告訴讀者國際會議應如何爭取；著墨最多的第三篇、第四篇和第五篇將詳細說明籌備一個國際會議的事前規劃內容及現場執行的方式，期望對於會議管理的教學及需要籌劃國際會議的相關人士有所助益；第六篇是會後的善後工作，此部分經常被忽略，但其實也是很重要的。希望本書循序漸進的架構能有助於讀者對於籌辦國際會議程序的瞭解。

筆者兩人爲了這本書付出了相當多的時間與心力，由於這是國內第一本國際會議規劃與管理的書籍，可參考的資料有限，爲了儘量充實這本書的內容，我們仍然請求各方協助，在此特別感謝中華民國國際會議推廣協會理事長（交通部觀光局國際組組長）脫宗華先生、台北國際會議中心主任朱明道先生、安益國際展覽公司總經理涂建國先生與福懋國際股份有限公司副總經理馬天宗先生，提供很多必要的協助與賜教，在此一併致上最誠摯的謝意。

本書得以出版，承台灣觀光學院校長李銘輝教授大力推薦，納入揚智出版公司觀光叢書之列，並親自主編賜予許多寶貴意見，不勝感激。希望出版此書除了可以當作教學教材之外，更可對於在會議產業服務的朋友或有機會籌辦國際會議的一些人士有所助益，當然本書仍有許多未盡完善之處，筆者雖力求內容正確無誤，如有疏漏，尚祈各界先進不吝指正是盼。

沈燕雲・呂秋霞　謹識

關於作者

沈燕雲（Sherry Shen）

1987年台灣觀光協會第一屆台北國際旅展（Taipei International Travel Fair, ITF）時，文化大學經濟系畢業的沈燕雲以其專精的行政管理經驗，被延聘爲大會節目組委員，爾後第二屆到第五屆一直擔任節目組召集人。

後來，台灣觀光協會爭取到1991年第六十一屆美洲旅遊協會世界年會（61st American Society of Travel Agents World Congress，簡稱ASTA世界年會）在台灣召開，沈燕雲親身參與大會管理工作，與ASTA總部的專家合作，累積出籌辦大型國際會議的專業知識。

1992年世界青年總裁會議（Young President Organization, YPO）在台灣召開，大會主席嚴長壽先生特別邀請她參與其事，嚴先生對會議的全心投入與專業精神，使沈燕雲深感獲益良多，更確定了她投入會議產業的決心，期間爲了提升自己的專業，她專程到美國加州洛杉磯州立大學長堤分校進修，獲得會議管理與活動規劃的證書，是國內第一位獲得此類證書的人。

呂秋霞（Karen Lu）

銘傳商專商業文書科畢業的呂秋霞，自1984年進入台灣第一家國際會議顧問公司，加入會議籌辦人行列以來，至今已有十餘年籌辦會議的實務經驗，是會議產業界少見的專業人才，期間也曾遠赴瑞典、荷蘭接受專業訓練。爾後更以個人名義擔任許多國際會議專案顧問，並多次赴美國紐約州立大學進修國際會議管理繼續教育課程。2003年進入國立台北大學企業管理學系研究所就讀，並取得碩士學位。希望對於國際會議的管理，除了實務經驗之外，能增加一些學術理論的輔助。

1991年的ASTA世界年會及1992年的PATA（Pacific Asia Travel Association）Taipei Travel Mart，當時即是由她所任職的錫安國際會議顧問公司承辦會議籌備事宜，而她也正是這兩個大型活動的專案負責人之一。多年的實戰經驗，不僅讓她在各主辦單位留下很好的口碑，在她離職之後，原任公司更聘請她擔任顧問一職，繼續借重她的專才。

多年來，呂秋霞一直感覺應該將這些年所籌辦過大大小小無數國際會議的經驗傳承下來。年前巧遇志同道合的沈燕雲，後者也正打算寫一本會議管理的書籍，於是兩人密切合作，展開寫書計畫。

目　錄

Part 1 緒論

在籌辦一場國際會議之前，應先對國際會議產業有一些明確的基本概念，瞭解什麼是國際會議。本篇將就國際會議的定義與種類介紹國際會議產業，其次再敘述國際會議所產生的效益及該產業的現況。

國際會議的定義與種類

國際會議起源於歐美先進國家，對於國際會議有不同的定義與詮釋，本章是根據歐洲兩個最具權威的國際會議組織，以及我國中華國際會議展覽協會根據國內會展產業之主管機關經濟部商業司2006年新頒之國際會議評定標準所下的定義與分類分別作說明。

 第一節　國際會議的定義

會議已經成爲人們相互溝通的生活型態，無論是面對面、透過電子媒體，或是透過衛星，它已經深刻地影響著我們的生活，也在生活中留下許多記憶。國際會議最早起源於歐洲，人們藉由會議對一個議題進行相互討論、交流，也因爲某些議題影響到其他國家，使與會者不僅爲本國人，同樣也吸引國外與會者的熱烈參與，國際會議也因而應運而生。

根據美國會議產業局（The Convention Industry Council）對會議的定義：「人們爲了商業、教育及社交的目的而聚集在一起」；而Rogers（2003）更爲會議下了個直接的定義：「非在一般的辦公室內舉行且會議時間持續六小時以上，以及參與人數至少八人以上才可稱之爲會議」。但國際會議的規模比Rogers所定義的會議更爲廣大，且必須有達到一定的標準才可稱之爲國際會議。茲列出三個會議組織對國際會議所評定的不同標準：

1.總部設在阿姆斯特丹，成立於1963年的「國際會議協會」（International Congress & Convention Association, ICCA）對國際會議之評定標準：
   (1) 固定性會議。
   (2) 至少三個國家輪流舉行。
   (3) 與會人數至少在五十人以上。

2.總部設在布魯塞爾，成立於1907年的「國際組織聯盟」（Union of International Associations, UIA）對國際會議之評定標準：

(1) 至少五個國家參加會議。

(2) 與會人數在三百人以上。

(3) 國外人士占與會人數40%以上。

(4) 三天以上會期。

3.我國中華國際會議展覽協會（Taiwan Convention & Exhibition Association, TCEA）根據國內會展產業之主管機關經濟部商業司2006年新頒之國際會議評定標準爲：

(1) 參加會議的國家，含地主國至少在五國以上。

(2) 與會人數須達一百人以上。

(3) 國外與會人數，須占總與會人數40%或八十人以上。

第二節　國際會議的種類

國際會議大致可分爲「企業界會議」與「非企業界會議」。企業界會議包括產品發表會、獎勵性質的會議、國際性展覽中的會議、業務會議、教育訓練及行銷會議；非企業界會議包括國際性政府組織的會議與國際性非政府組織的會議（如民間社團組織）兩種。

各個國家、各種專業對會議的名稱說法各有不同，當然，不同的會議形式也有不同的名稱，以下針對會議與研討會的類型分別加以說明。

一、會議的種類

(一)集會(meeting)

凡一群人在特定的時間、地點聚集，來研商或進行某特定活動均稱之，涵義最為廣泛，是各種會議之總稱，含assembly、conference、congress、convention、colloquium，也包括forum、seminar、symposium及special event等。

(二)大會(assembly)

一個協會、俱樂部、組織或公司的正式全體集會。參加者以其成員為主，其目的在決定立法方向、政策、內部選舉、同意預算、財務計畫等。所以assembly通常是在固定的時間及地點定期舉行，也有一定的會議程序。

(三)會議(conference)

任何組織、公私團體、公司、協會、科學或文化團體希望要討論、交換意見、傳達訊息、辯論或針對某一課題公布其意見，都可用conference作為一適當之工具。多數的conference 是以study為目的，通常包括告知或傳達某些特別研究之發現，並希望與會者有主動的貢獻。相較於congress，一個conference規模較小，但涵義較高，且較易交換資訊。例如conference可以是部長或高級長官們對相同的主題，有興趣或關切且希望形成共識，而以較短的時間來討論、交換意見，並有決議發表書面報告的會議。參加人數較少，也非定期舉行。

(四)會議（congress）

在某種專業、文化、宗教或其他領域方面之定期會議。與會者有數百人，甚至千人，且係由各團體派正式代表與會。參加者均係有興趣、主動，且要註冊、付費參加。congress通常會有一特定主題（subject）來討論。而報告者及討論者均爲其領域之成員或相關之協力團體人士，此類會議每年、二年或多年舉辦一次，全國性congress通常每年一次，而國際性或世界性之congress通常多年一次，而其舉行之頻率係事先即確定的。通常爲期數天，且有分組會議（session）。

(五)會議（convention）

同一公司、社團、財團、政黨等立法、社會、經濟團體爲其本身組織之特定目的，或爲了提供某些特別情況之資訊及商討政策，使與會者同意並建立共識而對其成員召開之會議。參加者均係依指示參加，舉行之時間沒有固定。通常包括全體代表大會（general session）及附帶的小型分組會議，有時還有展覽（exhibition）。在美國，convention通常指工商界之大型全國甚至國際集會，包括研討會、商業展覽或兩者兼具。

(六)會議（colloquium）

以研討爲目的的非正式會議，通常是學術或研究方面的人針對有共同興趣之主題，藉由相互交換意見來確實眞相，所以係視需要及方便而不定期舉行。進行方式爲由一位以上speaker先就某一主題報告，再討論問題。

二、研討會的種類

(一)演講（lecture）

教育性的演講，通常僅由一位專家來簡報，且報告後不一定接受觀衆的發問。

(二)座談（panel discussion）

有一位moderator來主持，由一小群專家爲座談小組成員（panelist）針對專門課題提出其觀點再進行座談。有時僅限panel自行討論，有時也開放和與會者相互討論。

(三)進修會（seminar）

指一群（十至五十位）具不同技術但有共同特定興趣的專家，藉由一次或一系列的集會，來達成訓練或學習的目的之進修會。seminar的工作進度表要使參加者能達到豐富其技術之目的，其過程會由一位discussion leader來主持。簡報者不一定要上講台來報告，但希望有較多的人參與研討以分享經驗與知識。有興趣參加者要主動註冊，有時還要付費。seminar的時間爲一至六天不等。另外，在大學或訓練機構，爲了針對某一特定主題來定期討論及研究而辦理的小班（約五至十人）課程，也稱爲seminar。

(四)討論會（forum）

一項集會（meeting）或該集會另外爲了對共同有興趣之某一或某些主題舉辦進行公開討論的討論會。與會者之身分均要先被認可，其過程一般是由一位moderator主持，先請各panelist或presenter來對與會者發表不同甚至相反的意見與想法，再進行反覆的討論，最後由moderator做結論。

(五)專題研討會（symposium）

由某一領域內的一些專家集會，並就某一特定主題請專家發表論文，並共同就問題加以討論做出建議。symposium類似forum，參與人數較多，期間爲二至三天左右，進行方式較爲正式，且較少如forum有妥協的性質。

(六)講習會（workshop）

由幾個人進行密集討論的集會，其緣起係爲整合某一特定主題或訓練的分歧意見。而目的在使研究人員之發現能藉由充分討論來使之發揮最大而有效的應用。目前在congress或conference中，由與會者自選主題或由主辦單位建議針對某一特定問題，在正式全體會議（plenary session）或委員會之間進行非正式及公開自由的討論也稱爲workshop。

Chapter 2

國際會議的效益與現況

舉辦一場國際會議可為主辦的國家、城市帶來相當可觀的外匯收入及國際形象的提升，甚至帶動主辦城市各相關產業的蓬勃發展，因此世界各國主要城市，不管民間或政府單位，都為爭取主辦重要國際會議不遺餘力，因為主辦國際會議的效益實在很可觀，尤其現在世界地球村的趨勢，國際會議的市場更加蓬勃，本章節將針對國際會議的現況加以分析說明。

第一節　國際會議的效益

根據美國會議評議局（Convention Liaison Council, CLC）在1994年曾針對東岸一百一十六個會議中心、二千四百一十五家飯店以及西岸七十八個會議中心、一千六百八十二家飯店所蒐集之資料調查研究顯示，會議產業占飯店業收入的三分之一，航空業收入的22%，在美國創造了一百五十七萬個工作機會，增加聯邦政府、州政府一百二十三億美金之稅收，生產總額達美金八百二十八億，產值行業排名占全美第二十二名，稍微次於法律服務，但高於印刷出版業。而國際會議協會在1999年的資料中顯示，全球會議的產值約二百八十兆美元，美國地區的會議產值約九十兆美元，其中國際會議的產值約7.62兆美元，由此可見會議展覽產業所產生之經濟貢獻相當驚人，這也是各國紛紛投入發展的最主要原因。

一、會議城市所帶來的效益

國際會議市場之所以是世界主要都市所爭取之重點，其主要原因有以下六點：

1.會議市場之消費力強：出席國際會議者一般都是各行各業中高所得者，出席會議之費用又多是由單位支出，而會議期間又有許多附屬活動配合進行，所以對當地的經濟較一般觀光客之貢獻更大，依國外之相關統計，會議旅客之消費是一般觀光客的二至三倍。

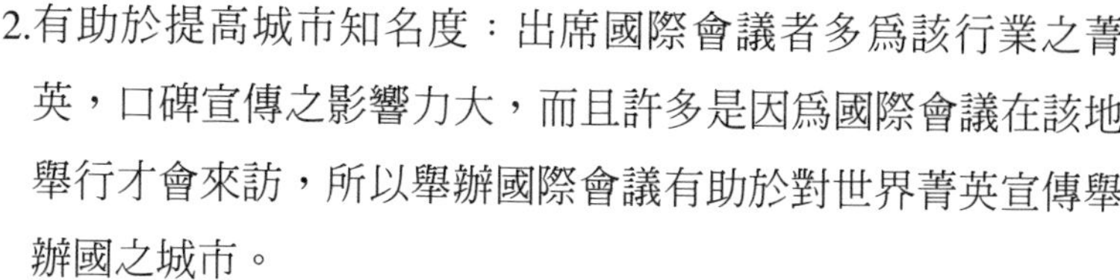

2.有助於提高城市知名度：出席國際會議者多爲該行業之菁英，口碑宣傳之影響力大，而且許多是因爲國際會議在該地舉行才會來訪，所以舉辦國際會議有助於對世界菁英宣傳舉辦國之城市。

3.協助當地產業知識之提升：國際會議之演講者會在會中發表該行業最先進之知識，所以當地的產官學界人士可不必花費出外之旅費及時間就可以吸取到新知。

4.協助拓展商機：當地產業人士可與來自世界各地之與會者建立管道，甚至可直接帶其參觀產品及工廠，開拓對外之商機。

5.連帶保存文化資產：文化活動是國際會議中重要的節目之一，透過此類節目可以增加當地文化工作者之表演機會及收入。

6.增加就業機會：由於會議之舉行直接或間接涉及的行業甚多，故可增加當地各種就業機會。據統計，在歐洲每增加二十位出席會議代表就可創造一個全職就業機會。

二、亞洲各國會議市場概況

亞洲各國之間爲了達成會議產業工作網絡，成立了亞洲會議局協會（Asian Association of Convention and Visitors Bureaus, AACVB）之組織。而加盟的國家區域有：中國、日本、香港、印尼、韓國、澳門、馬來西亞、菲律賓、新加坡、泰國。其中如國家級規模的日本國際觀光振興會之會議局組織爲正會員，而各都市的會議局爲準會員。AACVB各會員國在會議產業中的表現均十分

卓越，參考美國會議評議局（CLC）之Economic Impac（1994）報導，其中新加坡、香港、韓國及日本之發展概況描述如下：

(一) 新加坡

以亞洲國家來說，新加坡是對國際會議與展覽最重視的國家，新加坡本身土地面積狹小，觀光資源有限，政府當局在審慎評估後，發現這一無煙囪產業背後蘊藏著無限商機，政府在新加坡旅遊局（Singapore Tourism Bureau, STB）下成立了展覽會議局（Singapore Exhibition and Convention Bureau, SECB），其經費是來自如航空、旅遊、旅館、陸路運輸、餐飲業等相關產業稅收中的一定比率，由於經費收入穩定，會議局除了在本身國家以外，並在全球先進國家成立據點，爲爭取國際會議與展覽而努力。會議局的工作人員都具有豐富專業的國際會議經驗，再加上政府當局大力支持，在爭取國際會議的過程與機率上也格外有利，也難怪新加坡可以成爲亞太地區舉辦國際會議與展覽數一數二的國家，尤其在硬體建設方面，無論是會議中心、展覽中心甚至飯店的建造，都經過詳盡規劃，以便符合各種不同規模的會議與展覽需求。

根據國際會議協會的統計調查，新加坡在2004年舉辦國際會議的件數在亞洲的都市之中獨占鰲頭，且排名在巴塞隆納、維也納之後，位居世界第三位。而新加坡之所以成爲舉辦國際會議展覽所歡迎的城市，其理由是：

1.地理上優越的條件。
2.國際機場的設備完善及具有便利的航線連結。
3.有將近三萬個客房的飯店設施。

4.購物、觀光的魅力等硬體條件。

5.英語流通的方便性。

6.產官一體的新加坡旅遊局及新加坡展覽會議局的種種配合促銷活動。

(二) 香港

香港與新加坡並駕齊驅，以其航空交通的暢通、飯店林立、活絡的金融活動、購物及美食街等的魅力，是吸引國際會議的最佳利器。

香港觀光協會為一半官方組織（Hong Kong Tourism Association, HKTA），其轄內有一單位稱作HKCITB（Hong Kong Convention & Incentive Travel Bureau）即為香港旅遊會議局，成立於1986年7月，其主要功能為促銷國際會議、展覽及獎勵旅遊。而HKTA於2001年4月1日正式改組為香港旅遊發展局（Hong Kong Tourism Board, HKTB）。根據調查結果顯示，參加會議活動的訪客停留在香港的時間平均為七至八天，平均每一人的消費額達到二萬三千九百五十元港幣，其會議及展覽場地每年接待的人數超過三十八萬人，因此香港全面積極發展會議產業。

1989年以前，香港最主要是以飯店的宴會場地當作各種會議活動的場地。1989年9月香港會展中心占地面積近一萬八千平方公尺的展覽館完成之後，大大提升了舉辦各種展覽及會議的可能，在會展中心緊鄰有香港君悅飯店（Grand Hyatt Hong Kong）、萬麗海景飯店（Renaissance Harbor View Hotel），配合會議展覽活動的各種宴會住房需求。1997年完成了擴建至維多利亞港的三層新館，會議及展覽的面積擴增一倍以上，1997年香港回歸中國的交接典禮即在此舉行，2005年國際獅子總會年會亦在此舉辦，超過三萬名獅子會會員參加，是有史以來最大規模。根據國際會議協會的統計調查，香港在2004年舉辦國際會議的件數，在亞洲的都市之中排名第二，且位居世界第五位。

(三) 韓國

透過1979年舉行的亞太旅遊協會總會（Pacific Asia Travel Association, PATA）及1985年的國際貨幣基金會（International Monetary Fund, IMF）等國際會議的舉辦，韓國業界對於會議產業的興趣可說是年年高漲。自1988年漢城奧運成功舉辦以來，以韓國觀光公社為中心的國際會議推廣協會（KCPCC）在1989年開始運作。代為籌辦國際會議業務為主的會議顧問公司，也受到振興觀光事業相關法律的支持。因為以奧運為契機，首爾市中心內的飯店也加速成長。如開始導入「觀光飯店」的評鑑制度，對於會議設施、服務內容也分別有五等級的評價標準。

(四) 日本

日本會議產業發展的歷史，是作為積極想要發展此一產業國家最好的借鏡。在第二次世界大戰之後，1961年在東京舉辦的第五十二屆國際扶輪社大會，以東京晴海國際展示會場作為主要之會場，總共有國外與會者七千四百人，國內與會者一萬六千人，合計二萬三千四百人。由於當時東京飯店設施遠不如今日，而外國訪客是搭郵輪前往日本，故不得已用停泊在橫濱港的船隻，充當旅館客房。

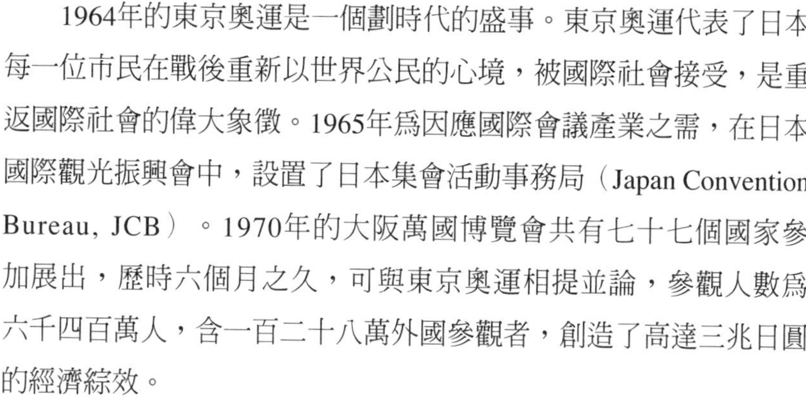

1964年的東京奧運是一個劃時代的盛事。東京奧運代表了日本每一位市民在戰後重新以世界公民的心境，被國際社會接受，是重返國際社會的偉大象徵。1965年爲因應國際會議產業之需，在日本國際觀光振興會中，設置了日本集會活動事務局（Japan Convention Bureau, JCB）。1970年的大阪萬國博覽會共有七十七個國家參加展出，歷時六個月之久，可與東京奧運相提並論，參觀人數爲六千四百萬人，含一百二十八萬外國參觀者，創造了高達三兆日圓的經濟綜效。

自八〇年代至九〇年代中，日本會議產業創下了輝煌的紀錄，根據日本國際觀光振興會的統計，1995年日本舉行的國際會議件數有八百二十件，外國參加的人數達七萬六千三百一十三人。根據國際會議協會的統計調查，日本在2004年舉辦國際會議的件數，在亞洲的國家排名之中位居第一，且世界排名第九位。

三、我國會議市場概況

由亞洲各國發展會議產業之歷程看來，政策面上都由政府強力主導，興建相關之硬體設施，鼓勵民間參與，藉由發展會議產業改善都市基礎建設，建立人民自信心，躋身國際都市之林，帶動經濟發展。

台灣已成爲亞洲國際會議及展覽的重鎮，根據國際會議協會的統計調查，台北在2004年舉辦國際會議的件數，在亞洲的都市之中排名第七，世界第二十七位。政府於2005年起，已將會展產業列爲「挑戰2008國家發展計畫」中的重點計畫，推動「會議展覽服務業推動暨輔導總體計畫」，並於經濟部商業司設置「會展專案辦公室」，爲我國會議產業之主管機關，透過定期的預算與經費補助，整合政府與民間的優勢力量，放寬彈性入境機制等配套措施，期望能爭取更多的國際級會展活動來台舉辦，並將台灣會議展覽（Meetings, Incentives, Conventions and Exhibitions, MICE）產業推向國際舞台。

根據中華民國對外貿易發展協會資料顯示，全球每年舉辦的國際會議所貢獻的產值約有一千五百億美元，其中有62%在歐洲、16%在亞洲。然而，隨著全球經濟板塊逐漸往亞洲移動，預期亞洲即將成爲全球商務旅行與會展產業最受歡迎的地區！而爲了迎接這個趨勢，我國已經與亞太地區其他六個國家（中國、日本、印尼、馬來西亞、菲律賓及新加坡）的會展產業公會組織，於2004年9月成立了「亞洲展覽及會議協會聯盟」（AFECA），中華民國對外貿易發展協會爲創始顧問，我國台北市展覽暨會議公會則爲創始會員，未來將透過這個國際組織，積極拓展我國會展產業在亞太地區的能見度。

其他亞洲各國之會議產業，也持續在成長中。諸如在菲律賓的馬尼拉菲律賓國際會議中心；馬來西亞的吉隆坡普特拉世貿中心（Putra World Trade Centre）及The Mines Convention and Exhibition Centre等，各國均投資興建大型會議展覽設施，並以會議局爲中心從事一切有關宣傳推廣活動。中國大陸則是外國訪客年年增加，北京、上海等大都市，除了既有的飯店、展覽場及會議設施之外，許多新設施的建設計畫正如火如荼進行中。

根據國際會議協會的統計調查，吉隆坡在2004年舉辦國際會議的件數，在亞洲的城市排名之中位居第五，世界排名第十四，北京則排名第三，且世界排名第十一。

四、國際會議與相關產業之關係

國際會議所涉及的範圍相當廣泛，包括場地、視聽設備、展覽、航空、陸地交通、旅遊、飯店、餐飲、網路、印刷、媒體、翻譯、禮品、事務機器、其他與會議公司，下面針對彼此的相關性分別說明如下。（如**圖2-1**）

(一) 會議與場地、視聽設備、展覽的關係

會議與場地及展覽之間的關係密不可分，開會一定需要場地，而經常有會議就有展覽，有展覽就有會議，視聽設備更是影響會議品質的重要關鍵。

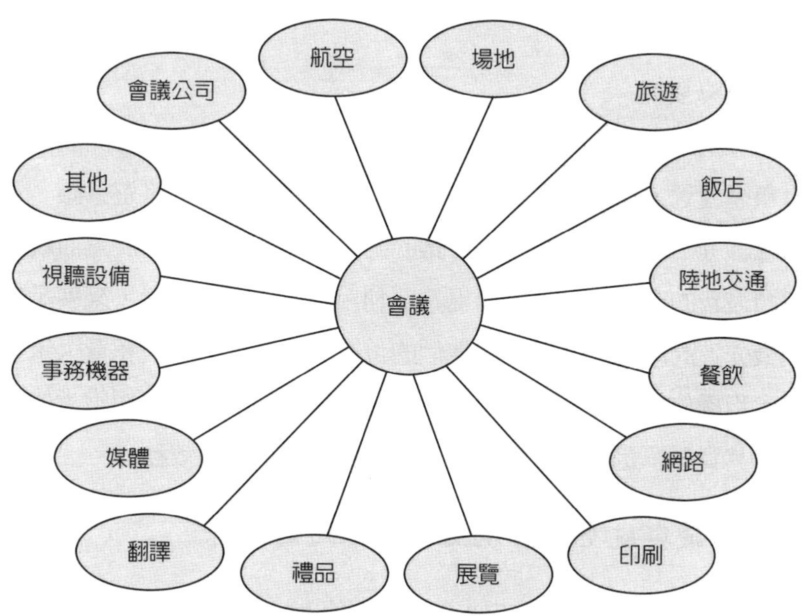

圖2-1　國際會議與相關產業關係圖

◆會議與場地

場地是舉辦國際會議最重要的支出之一，一場大型的國際會議與展覽，場地租金費用可能高達數百萬甚至於上千萬。因為建造一座符合國際水準的會議中心與展覽中心其造價相當昂貴，需要長期投資，也有些國家的國際會議中心與展覽中心是由中央政府或地方政府所建造。無論如何，場地租金對當地會議中心與展覽中心帶來相當大的收益。

◆會議與視聽設備

視聽設備在會議中扮演著越來越重要的角色，單槍、三槍、多媒體、同步翻譯設備與音效的優劣，都會影響會議的品質，這一部分在後面的章節中會詳細說明，會議也帶給視聽設備的業者很大的收益。

◆會議與展覽

會議與展覽之間的關係非常密切，經常在國際會議召開的同時也舉辦展覽，特別是專業性的會議，例如醫學會議、旅遊會議、資訊會議等。與會者藉由參加會議的同時，也能經由參觀展覽而親眼目睹最新的產品，參展廠商更希望利用國際會議的場合，來展示他們最先進的產品，為了凸顯他們的位置，廠商往往不惜花費大筆金錢承租攤位與設計展示攤位，因此，展覽也對會議產生相當大的效益，其實單單是展覽就能對其周邊產業產生很大的效益。

(二) 會議與航空、陸地交通、旅遊的關係

國際會議的與會代表來自於世界各地，必須要藉由航空交通抵達主辦國，主辦單位還必須安排陸地交通將國外與會代表從機場

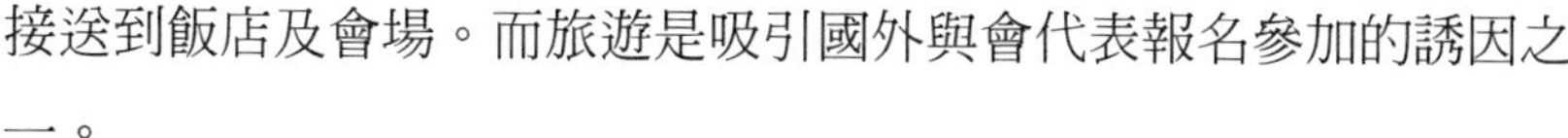

接送到飯店及會場。而旅遊是吸引國外與會代表報名參加的誘因之一。

◆會議與航空

國際會議的召開會吸引全球國外與會者報名參加，航空成為他們主要的交通工具，國際會議的主辦單位都會與國內的航空公司配合，指定「大會航空公司」（official carrier），因而帶動航空業的發展。

◆會議與陸地交通

國際會議的交通運輸除了航空以外還有陸地交通，國外與會者與其眷屬抵達機場後，需要交通工具將他們儘速地送往住宿的飯店，這些交通工具包括遊覽車、民營機場巴士與私家轎車出租公司。大會期間更需要地面交通工具往返會場與飯店、會場與晚宴、各地旅遊點之間，大型的國際會議需求量大，收益也相當可觀。

◆會議與旅遊

旅遊內容的設計是國外與會者考慮是否參加的因素之一，如果旅遊內容的設計相當精緻與豐富，不但吸引國外與會者甚至於他們的眷屬。會議旅遊與一般觀光旅遊不同，必須用心地經過精緻的包裝後，才能吸引與會者報名參加。國際會議的旅遊大致可分為：(1)主辦單位免費提供的半日市區觀光；(2)會議期間提供與會者眷屬的各種行程，費用自行負責；(3)會前或會後旅遊，費用也是自行負責。國際會議對國內相關旅遊事業也產生了很大的效益。

(三) 會議與飯店、餐飲的關係

住宿與餐飲安排相當重要，高品質的服務會讓國外與會代表留下深刻印象，也會吸引他們考慮會前、會後多留幾天參觀旅遊，增加在當地的消費。

◆會議與飯店

雖然國際會議要提供不同等級的飯店供與會者選擇，住宿費用對飯店來說是主要收益，同樣與會者在飯店的消費，如餐飲、通訊、洗衣等服務，也產生房價以外的收益。

◆會議與餐飲

國際會議期間所有與會代表的餐飲是相當大的收益，大型會議人數往往可達數千人甚至上萬人。在編列國際會議預算時，餐飲費用往往占了相當大的比例，餐飲的內容可包括歡迎酒會、惜別晚宴、早午餐以及咖啡點心等，一般國際會議的會期大約為三至五天，可見國際會議在餐飲方面的效益是相當大的。

(四) 會議與網路、印刷、媒體、翻譯的關係

會議需要藉由網路、印刷、媒體來宣傳和鼓勵與會者報名參加國際會議，目前國際上通用的語言是英文，因此需要將宣傳品翻譯成英文。

◆會議與網路

網路已成為國際會議宣傳與推廣相當重要的管道，透過網路傳遞大會通知、重要演講者資訊、報名、提供論文等。重要的國際會議都會請專業人員製作網頁，便利與會者獲取各種資訊，因此會議

也帶動了網際網路事業。

◆會議與印刷

雖然網路的興起使得印刷的支出相對減少，但是印刷在國際會議中仍然相當重要，有些與會者因為太忙或不習慣上網，印刷品仍有其必要性，可能在數量上會因為網路宣傳而減少，然而大會期間的大會手冊、論文集與會議通訊（Congress Daily）等仍具有可觀的數量。網際網路的發展日新月異，在不久的將來，網路將會逐步取代印刷品。

◆會議與媒體

國際會議需要藉由傳媒告知大眾，雖然專業會議有其特殊訴求對象，但是仍然要透過媒體引起大眾的注意。重要國際會議的傳媒不限於國內，甚至於經由國際重要媒體作宣傳，如2000年世界資訊科技大會（The 2000 World Congress of Information Technology, WCIT 2000），當時就藉由BBC、*Business Week*等國際傳媒來宣傳，同時也透過傳媒的管道來提升國際的形象；會前、會中與會後舉辦記者會也是透過媒體的方式來宣傳。會議也同樣使媒體業者產生很大的效益。

◆會議與翻譯

語言是人與人之間溝通的工具，特別是國際會議，與會者來自世界各地，英文是目前國際間主要溝通的語言，但是也會因為會議的實際需要而增加其他語言，如日文、西班牙文、法文等。翻譯人才在國際會議中扮演相當重要的角色，無論是書面翻譯、口語翻譯甚至同步翻譯。十幾年前同步翻譯的人才在台灣相當缺乏，由於近年來國際會議在台灣召開的次數日益增加，同步翻譯的人才也逐步增加。同步翻譯除了語言能力外，更需要專業技能，相對來說，同步翻譯人員的待遇也很高。由此可見，會議帶給各種翻譯人員很大的收益。

(五) 會議與禮品、事務機器、其他類的關係

會議的禮品是用來致贈大會貴賓或者送給一般與會者，禮品最好具有本國特色，使他們樂意保存。事務機器、其他類等也是會議期間必須要使用的。

◆會議與禮品

國際會議的禮品大致可分爲三種：第一種是爲了會議的宣傳與推廣而製作，經常在相關的會議場合贈送與會者，目的是吸引與會者能報名參加，禮品的價位低，數量多；第二種是大會期間贈送給演講貴賓的禮物，通常價位高，數量少；第三種是大會期間送給每一位與會代表的禮品，價位不高，數量多。另外還有獎牌之類的禮品，都會因爲會議性質不同而有所差異。禮品的製作可依大會預算的多寡而定，會議前宣傳與推廣的禮品與大會期間送給每一位與會者的禮物也可以由廠商贊助，會議的禮品經常也是一筆相當可觀的費用。

◆會議與事務機器

到目前爲止，電腦仍然無法完全替代事務機器的功能，會議期間需要影印機、傳眞機、對講機與刷卡機等相關設備，特別是大型會議，影印機的需求量更大，會議也提供了事務機器相關產業不錯的收益。

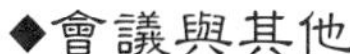

會議除了對前面所述相關產業產生相當大的效益外，其他如花藝、購物與郵電等也有一些影響。

1.花藝：大會期間會場的舞台、晚宴場地等都需要花藝的布置，花藝費用的多寡會因為預算而決定，通常花藝在會議中是必要的。
2.購物：參加國際會議的與會者及其眷屬，或多或少都會購買一些當地的禮物致贈親友，也有一些與會者會購買價格昂貴的東西，如古董、珠寶等，對當地產業都會產生一些效益。
3.郵電：大會期間大量的長途電話、電子郵件（E-mail）、上網與傳真等，也都會有不小的收益。

(六) 會議與會議顧問公司的關係

會議籌辦的過程相當繁瑣，特別是國際會議籌備期很長，有些大型國際會議籌備期更長達三至五年。醫學會議在國際會議產業來說占相當大的比率，台灣的醫學水準深獲國際肯定，因此也爭取了相當多的醫學會議在台灣召開，台灣醫生的工作都相當忙碌，除了診斷病人外，還要作學術研究，無法抽空籌備國際會議，希望交由專業人士協助籌辦，會議顧問公司也在這種需求下應運而生。近來台灣越來越朝向國際化，無論政府機構及民間社團都紛紛爭取國際會議，會議顧問公司的角色與地位也逐漸被肯定，但是與歐美國家相比，我們仍然還有一段路要努力。無論如何，會議顧問公司也成了新興行業，也因為會議的籌辦而產生收益。

第二節　國際會議的現況

全球化的趨勢，使得國際會議市場更加蓬勃，因此我們針對國際會議協會2004年的研究報告：(1)市場分析；(2)國家排名；(3)城市排名；(4)與會人數排名；(5)會期的平均天數；(6)平均報名費；(7)會議場地的使用；(8)使用專業會議籌辦人等，分別說明如下：

一、市場分析

國際會議的市場主要來自於企業界及國際性非政府組織兩大範圍，國際性非政府組織主要指民間社團組織（associations）。而國際會議協會所統計的會議即是指民間社團組織的會議（association meetings）。

根據國際會議協會2004年所分析約四千四百二十四場國際會議的研究顯示，50%的會議在全世界輪流舉行，比2003年增加2%。另外31%的會議只在歐洲輪流舉行，比2003年減少1%。亞洲及北歐地區則增加1%，各占4%及3%。

主要舉行會議的地區，歐洲仍然占第一位，其2004年市場占有率約60%；其次爲亞太地區，約占18%，比2003年成長2%；北美洲約占10%，其餘分布在拉丁美洲、澳洲及非洲。

二、國家排名

以國家排名來看，2004年美國仍然占全球國際會議第一位，共

舉辦了二百八十八場，德國占第二位，共舉辦了二百七十二場，比2003年上升二名，而法國也從第六名晉升至第四名。其他前五名的國家還有西班牙，共舉辦了二百六十七場，占第三名，英國則是第五名。荷蘭從第十名晉升到第六名，日本及奧地利則由第十一與第十二晉升至第九與第十名。（如**表2-1**）

表2-1　2004年全球各國舉辦會議數量排名

排名	國家名稱	舉辦會議數量
1	美國（U.S.A.）	288
2	德國（Germany）	272
3	西班牙（Spain）	267
4	法國（France）	204
5	英國（U.K.）	196
6	荷蘭（Netherlands）	181
7	義大利（Italy）	170
8	澳洲（Australia）	145
9	日本（Japan）	132
10	奧地利（Austria）	129
11	瑞典（Sweden）	124
12	瑞士（Switzerland）	120
13	芬蘭（Finland）	111
14	巴西（Brazil）	106
15	中國（China-P.R.）	104
16	加拿大（Canada）	102
17	葡萄牙（Portugal）	100
18	新加坡（Singapore）	99
19	丹麥（Denmark）	95
20	韓國（Republic of Korea）	93
21	香港（Hong Kong,China）	86
22	希臘（Greece）	79
23	馬來西亞（Malaysia）	78
	匈牙利（Hungary）	78

（續）表2-1　2004年全球各國舉辦會議數量排名

排名	國家名稱	舉辦會議數量
25	挪威（Norway）	74
26	泰國（Thailand）	64
27	南非（South Africa）	57
	波蘭（Poland）	57
29	比利時（Belgium）	56
30	愛爾蘭（Ireland）	53
31	捷克（Czech Republic）	52
32	墨西哥（Mexico）	51
33	土耳其（Turkey）	50
34	台灣（Chinese Taipei）	40
35	智利（Chile）	38
36	斯洛維尼亞（Slovenia）	29
37	印度（India）	28
38	克羅埃西亞（Croatia）	27
39	蘇俄（Russia）	25
	阿根廷（Argentina）	25
41	紐西蘭（New Zealand）	22
	其他（Other）	317
	總計（Total）	4,424

資料來源：ICCA The Association Meeting Market 2004 Statistics Report

三、城市排名

以城市排名來看，2004年巴塞隆納與維也納互調位置成爲第一名，新加坡仍居第三名。而柏林與哥本哈根都晉升二名，由第六及第八名晉升到第四與第六名。新進入前十名的城市則有香港（第十八名晉升至第五名）、巴黎（第十二名晉升至第七名）、里斯本（第八名）、布達佩斯與斯德哥爾摩（同爲第九名）。另外值得一提的是北京，從第三十五名晉升至第十一名，而雅典也從第四十六

名晉升至第二十名。台北則在墨爾本及溫哥華、雪梨之前排名第二十七。（如表2-2）

表2-2　2004年全球各城市舉辦會議數量排名

排名	城市名稱	舉辦會議數量
1	巴塞隆納（Barcelona）	105
2	維也納（Vienna）	101
3	新加坡（Singapore）	99
4	柏林（Berlin）	90
5	香港（Hong Kong）	86
6	哥本哈根（Copenhagen）	76
7	巴黎（Paris）	75
8	里斯本（Lisbon）	67
9	布達佩斯（Budapest）	64
	斯德哥爾摩（Stockholm）	64
11	阿姆斯特丹（Amsterdam）	58
	北京（Beijing）	58
13	首爾（Seoul）	53
14	吉隆坡（Kuala Lumpur）	51
15	馬德里（Madrid）	49
16	布拉格（Prague）	47
17	曼谷（Bangkok）	46
18	赫爾辛基（Helsinki）	45
19	倫敦（London）	44
20	雅典（Athens）	39
21	都柏林（Dublin）	38
	奧斯陸（Oslo）	38
	羅馬（Rome）	38
24	愛登堡（Edinburgh）	37
25	日內瓦（Geneva）	36
26	伊斯坦堡（Istanbul）	35
27	里約熱內盧（Rio de Janeiro）	34
	台北（Taipei）	34

（續）表2-2　2004年全球各城市舉辦會議數量排名

排名	城市名稱	舉辦會議數量
29	墨爾本（Melbourne,VIC）	33
30	溫哥華（Vancouver,BC）	31
	格拉斯哥（Glasgow）	31
	雪梨（Sydney, NSW）	31
	開普敦（Cape Town）	31
34	布利斯班（Brisbane, QLD）	29
35	蒙特婁（Montreal, QC）	28
36	上海（Shanghai）	26
37	慕尼黑（Munich）	25
	布魯塞爾（Brussels）	25
	東京（Tokyo）	25
	其他（Other）	2,367
	總計（Total）	4,424

資料來源：ICCA The Association Meeting Market 2004 Statistics Report

四、與會人數排名

以與會人數來看，一般與會代表出席人數從五十人到五百人的範圍占63%，而二千人以上只有7%。以2004年來看，北美洲占第一位，平均與會人數爲一千二百一十四人，其次爲拉丁美洲（七百二十五人）與亞洲（七百二十三人），歐洲平均與會人數爲六百三十一人，澳洲與非洲平均與會人數爲六百一十一人及五百九十二人。

2004年全球平均與會人數爲六百八十七位，而2003年是七百一十四位，但2002年則是五百八十位。以國家與會總人數來算，2004年與會人數排行第一名爲美國，將近三十六萬五千人；第二名爲法國，超過二十六萬八千人；第三名爲德國，約二十二萬

一千人；義大利與日本分別為第四名與第五名。

以城市來看，2004年巴黎總與會人數超過了十五萬三千人，倫敦則超過八萬五千人，維也納和慕尼黑與會人數分別超過了七萬七千人和七萬六千人，巴塞隆納也超過七萬三千人。

以洲來區分，2004年歐洲地區占全球總與會人數54%為最高（比2003年下降2%），其中以法國的與會人數最多。其次是亞洲地區占18%（比2003年上升3%），其中以日本的與會人數最多。北美洲地區則占17%（比2003年上升4%），其中以美國的與會人數最多。

五、會期的平均天數

六月和九月仍然是國際會議最熱門的月份，五月及十月則居次。資料顯示國際會議的會期有越來越短的趨勢，相較於1999年的4.5天，2003年平均天數為4.27天，2004年則為4.20天，是十年來的最低。一般來說，國際會議的會期約為三至五天。以會議的型態來說，醫學、科學、科技及工業仍然居前四位。

六、平均報名費

以財務角度來看，2004年國際會議平均每人報名費為550美元，相較於1999年平均報名費為458美元，呈現逐步上升趨勢。2004年每場國際會議平均報名收入為377,850美元，相較於1999年每場國際會議平均報名收入為316,159美元，也是呈現逐步上升的趨勢。與2003年比較，由於2004年平均會期為4.20天，短於2003年的4.27天，因此平均每人每場國際會議的報名費增加了2美元。

七、會議場地的使用

ICCA人員從2004年全球四千四百二十四個會議活動中，研究其中一千五百九十二個會議所選用的場地，顯示會議展覽中心仍然是最常被民間社團組織會議所選用的會議場地（占48%），其次是有會議設施的飯店（占39%），而大學的場地也常被用來舉辦會議（占13%）。

八、使用專業會議籌辦人

ICCA研究顯示，2004年有六百零五個會議有僱用專業會議籌組人（PCO），約占全球所有會議的13.7%，但ICCA也相信，根據其他市場的資訊，實際應該有大約30%的會議用到了專業會議籌組人的服務。其他未使用PCO服務的會議活動，有些可能是組織裡面有自己的會議籌劃部門，或是有一些義工人員，甚至是非此專業的員工之幫忙。

第三節　相關國際會議組織

會議這個「產業」一直到二十世紀中期之後才被認可及發展，不管是政治、宗教或商業、貿易及專業的民間社團會議，創立一個行業的聯盟，通常是形成一種產業最有效且最客觀的方法。

以下是一些主要的會議產業相關社團組織及其創立的時間：

Union of International Association（UIA）	1907年
International Association of Convention and Visitor Bureaus（IACVB）	1914年
International Association for Exhibition Management（IAEM）	1928年
Professional Convention Management Association（PCMA）	1957年
Association International des Palais de Congres（AIPC）	1958年
International Congress and Convention Association（ICCA）	1963年
European Federation of Conference Towns（EFCT）	1964年
International Association of Professional Congress Organizers（IAPCO）	1968年
British Association of Conference Destinations（BACD）	1969年
Meeting Professional International（MPI）	1972年
Meeting Industry Association of Australia（MIAA）	1975年
Association of British Professional Conference Organizers（ABPCO）	1981年
Asian Association of Convention and Visitor Bureaus（AACVB）	1983年
Meeting Industry Association（MIA）（UK）	1990年

我國會議產業目前有兩個主要相關的民間社團組織：

組織	成立年
中華國際會議展覽協會（Taiwan Convention & Exhibition Association, TCEA）	1991年
台北市展覽暨會議公會（Taipei Exhibition & Convention Association, TECA）	1999年

International Conference Management

Part 2 國際會議的爭取

在第二章第一節中談到國際會議的效益時，曾提到國際會議可以提升國際形象，特別對目前台灣的國際處境來說，重要的國際會議在台灣舉行，的確能夠加強國際能見度，然而一個重要的國際會議在爭取的過程中卻是相當艱辛的，這一部分我們將對國際會議的爭取方式及過程分別作介紹。

Chapter 3

國際會議承辦方式及爭取條件

各類國際會議的承辦方式及爭取條件在其國際組織的章程中皆有明列，要爭取會議主辦之前，得先瞭解章程的規定及如何爭取，才能事半功倍，爭取成功。

第一節　國際會議承辦的方式

要爭取主辦一個國際會議，首先要瞭解該會議的組織章程在承辦的方式上是採用哪一種，方能對症下藥，爭取成功。

一、會員國輪流主辦

這種國際會議的爭取基本上最單純，只要加入國際組織成為正式會員國，就有機會主辦，其輪流方式有以入會先後次序或國名英文字母順序等方式輪辦，也有以會員國主動提出優惠條件，經會員國或此組織的理監事會同意即可。例如亞洲秘書協會組織（Asia-Pacific Secretaries Association, ASA）就是以入會先後次序輪流主辦。

二、地區性輪流主辦

有些重要的國際組織會員分布在全球各國，每年或每兩年在全球各地區召開國際會議，為了讓分布在全球各地區的會員國都有機會主辦，因此訂定輪流在某些地區召開，然而某一個地區可能有好幾個會員國。例如亞洲地區，可能由亞洲地區有意爭取主辦的會員國提出申請企劃書（proposal）或僅以書面方式表示有意願承辦，再由這個組織的理監事或特別成立的「評估小組」來表決，由獲選的會員國主辦。一般來說，組織的知名度、會議的效益及權威性越高，會員國之間的爭取也越激烈。

三、競標方式

競標方式（bidding）對有意爭取主辦權的會員國來說最具挑戰性，然而這些會員國競爭激烈的國際會議必定是全球知名的國際組織，其國際會議也引起全球的矚目，並具有其權威性，其競標的過程經常要花費相當長的時間去苦心經營。通常主辦單位會先將辦理會議的先決條件列在招標書（request for proposal）中。

例如：1991年第六十一屆美洲旅遊協會世界年會（ASTA World Congress）在台灣召開，藉此簡述一下爭取過程。當時台灣分會的趙前理事長加入ASTA已有相當長的時間，也與總會建立了相當豐沛的人脈關係，同時在亞太地區也積極經營，擔任當時亞太地區的總監（governor），也由於天時、地利與人和等條件的成熟，順利地爭取到這個在旅遊業界相當高知名度及權威性的國際會議在台灣舉行，在台灣國際會議的歷史來說，是最具有代表性的會議之一，在此也將針對爭取國際會議的程序作詳細的介紹。

第二節　爭取國際會議的條件

爭取國際會議的條件可分爲「直接條件」與「間接條件」。直接條件會直接影響到爭取會議的本身；間接條件雖然不會直接影響到爭取會議的本身，卻也是重要考量的因素。現就兩種條件分別說明如下：

一、直接條件

(一) 硬體設備

硬體設備對一個國際會議來說相當重要，會議中心是否符合國際級的標準，容量是否符合大會的需要，例如：會議室數量、大會堂（plenary hall）總容納人數、視聽設備、同步翻譯室、秘書室等。展覽中心的攤位數量、水電設施與載重量等是否符合大會需要。

飯店方面，重要的國際會議將有來自世界各地的與會代表，有些來自富裕的國家，也有些來自較貧窮的國家，因此飯店要有不同等級的房價，讓與會者可以自由選擇。在歐美國家，國際會議歷史悠久，因此，在興建會議中心與展覽中心時，都會預先考慮到飯店的設置，在會議中心與展覽中心步行或距離車程不遠的範圍內，都有各種不同等級的飯店。台北地區由於土地取得困難，因此在興建台北國際會議中心與展覽中心時，周邊的飯店較缺少，也成為重要國際會議爭取時的不利因素之一。

新加坡的作法值得我們效法，其土地面積小於台灣，但是該國政府瞭解國際會議對國家產生的效益，因此對國際會議與國際展覽均相當重視，新加坡旅遊局與會議局對於爭取國際會議都給予大力支持與協助，境內會議中心、展覽中心及飯店的數量與品質都高於台灣。

(二) 餐飲安排

大規模的國際會議人數有上千人甚至上萬人參加，餐飲的安排是一項艱鉅的任務，是否有適當的餐飲場地以及專業的人員，也成爲評估的條件之一。例如：1991年第六十一屆美洲旅遊協會世界年會時，當時將近有五千人需要同時用午餐，在主辦單位與主辦國經過多次協商後，決定利用世貿展覽中心的C區作爲用餐區，由展覽館的餐飲承包商提供餐飲服務，這家承包商接辦時也相當戰戰兢兢，還聘請專業餐飲經理人協助規劃，也因爲大家同心協力的結果，使大會辦得相當成功。

(三) 交通運輸

交通運輸包括「空中交通」與「地面交通」兩種。空中交通部分指有多少國際航空班機飛航這個國家、航程時間從各地飛來需要多少時間、是否有包機的可能性、大會指定航空公司（official carrier）配合的程度、是否可以提供與會代表優惠票價等條件來評估。地面交通是指爭取主辦國際會議的國家，其本身國內的地面交通運輸系統是否完善。在歐洲，國與國之間除了航空外，地面交通連接系統是否便捷也都是考量的因素。

例如：1988年筆者到匈牙利的首都布達佩斯參加國際會議時，發現主辦單位爲了吸引與會代表，除了提供航空票價優惠外，還提供「對折鐵路以及鄰近國家飯店住宿」優惠券，同時也帶動鄰近國家的觀光收益。當時曾與一位友人在奧地利的維也納利用「飯店住宿優惠券」停留幾天觀光，還利用「對折鐵路優惠券」從維也納搭乘豪華火車到法國巴黎。

(四) 專業人才

籌辦國際會議需要各方面專業人才的結合，才能使會議的品質提升。專業人才中的靈魂人物當屬專業會議籌辦人，專業會議籌辦人需要懂得籌辦國際會議的各項細節，再經由專業會議籌辦人尋找適當的各種專業人才共同合作，如專業視聽人員、同步翻譯人員、旅遊人員等，專業會議籌辦人的經驗相當重要，因此在爭取重要國際會議時，專業會議籌辦人過去承辦大會的經驗也成爲競標時重要的參考因素之一。

二、間接條件

(一) 文化與旅遊

文化的資產與旅遊景點也是爭取國際會議的重要條件。歐洲國家歷史悠久，文化特殊性高，加上自然景觀優美，這也是到目前爲止歐洲國家仍然成爲國際會議舉行最多的地區。以台灣爲例，在文化方面相當豐富，除了本土文化外，更是中華文化集大成之地，特別在美食方面，更是吸引與會者參加的重要誘因之一。在台灣可以品嘗到各地美食，在美食專家精心的研發下，除了保存原有風味外，更加以精緻化，使得國外與會者都讚不絕口。

在旅遊方面，會議的目的除了接受最新資訊與人際交往外，旅遊也是與會者考慮是否參加的條件之一，絕大多數的與會者也希望藉由參加國際會議來紓解工作的壓力，精心設計的旅遊往往會使與會者留下深刻的印象。例如：1992年世界青年總裁會議（YPO）在台北舉行時，對於文化與旅遊方面都經過精心的設計與包裝，留給與會者深刻的印象，至今仍然在會員間傳爲佳話。1992年的世界青年總裁會議在台灣國際會議史上來說，至今仍然是經典之作。

(二) 政治與經濟

政治與經濟安定，才能使國際組織考慮選擇他們的國際會議在這個國家舉行，因此重要的國際會議很少選擇在政經不穩定的國家舉辦（如中東國家）。以前國際會議比較少在中國大陸舉行，但是由於近年來中國大陸改革開放，經濟方面也逐步邁向自由，政治也趨向穩定，使得國際會議在中國大陸舉行的次數越來越多，預期中國大陸將成爲國際組織考慮會議地點的重要選擇點。

(三) 安全

參加國際會議的與會代表多半都是較具身分地位的人士，特別是政治性的會議，如果這個國家安全有問題，與會代表在會期可能發生意外狀況，這對主辦單位來說是一個相當嚴重的問題，如果重要講員發生任何安全上的問題，更是主辦單位不可彌補的過失，因此，主辦單位在這方面更是會愼重選擇。例如：美洲旅遊協會曾經因爲波斯灣戰爭而被迫取消在澳洲舉行的國際會議。

(四) 地理位置

國際會議的與會者來自於世界各地，地理位置的優劣也成爲爭取國際會議的條件，北半球仍然是國際會議經常舉行的地區，南半球的澳洲對國際會議的爭取相當積極，2000年奧運的舉辦締造了成功的典範，增加了國際會議爭取的有利條件，但是地理位置仍然是國際組織在選擇時考慮的重要因素之一，以台灣爲例，在地理位置上處於極佳的位置，全球航線抵達台灣都在十幾個小時左右，不像到有些國家開會要搭乘二十幾個小時的航程。

(五) 語言

英語仍然是最通用的國際語言，重要的國際會議，語言也成為爭取的條件之一，例如：1991年第六十一屆美洲旅遊協會世界年會時，就動用了旅遊相關業界外語能力的人才，同時，大專院校觀光系的學生也參與其中。

(六) 本地的支持

要爭取會議時，除了要有政府相關單位表示支持之外，當地相關的組織也必定要支持；還有在經費方面可能協助的單位也得尋求支援；別忘了有些組織最好還要有自己會員的支持。

Chapter 4

國際會議的競標

一場重要的國際會議，總會有許多世界知名的城市爭取要主辦，爲公平起見，要有一個公平的方法來決定由哪個城市舉辦，通常會採用競標的方式，看誰的提案最爲吸引人，由該國際組織的評審委員投票決定主辦的城市。

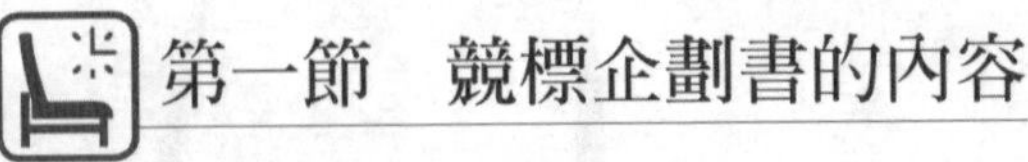

第一節　競標企劃書的內容

一份完善周詳的競標企劃書是評審委員對爭取單位的第一個印象，其內容應包括下列幾項：

一、支持信函

爭取一個重要的國際會議是無法單靠一個組織的力量，必須要獲得國家與當地政府單位的全力支持，因此，在競標企劃書中支持信函（supporting letter）就變得相當重要。一般來說，支持的信函包括政府首長，有些國家甚至是總統或副總統親自出函表示支持，否則也要是行政院長或總理親自出函，其次是當地的政府首長，如市長、州長或相關產業的首長，如醫學會議就是衛生署長，企業界會議就由經濟部長等首長親自出函，另外還有觀光局、會議中心、展覽中心、航空公司主管出函支持（如**圖4-1**至**圖4-8**），這些信函對於爭取國際會議非常重要，層級越高的支持信函，效果越好，表示這個會議受到國家的重視。

二、硬體設備

詳細提供會議中心和展覽中心的面積、容量以及周邊環境，例如：會議中心有多少間會議室、每間會議室容量爲多少、租金價格、內部設備與外部環境，以及展覽中心的面積、攤位數、水電設施、關稅、租金價格等，作爲評審的參考。

行政院衛生署
DEPARTMENT OF HEALTH
THE EXECUTIVE YUAN, REPUBLIC OF CHINA

地址：台北市愛國東路 100 號
100,AI KUO E. Rd, TAIPEI, TAIWAN. R.O.C.
TEL:(02)2321-0151　FAX:(02)2395-2907

December 4, 1998

International Atheroclerosis Society
Fondazione Giovanni Lorenzini
Via Applani 7
20121 Milan, Italy

Dear Sir/Madam:

I am pleased to take this opportunity to strongly recommend Taipei as the venue for the XIII International Symposium on Atherosclerosis in 2003.

In an era when science and technology are taking giant strides, all nations' medical experts should meet now and then for interchange of views. Conventions are no doubt one of the best channels. Through our convention management expertise, state-of-the-art facilities, easy access, and rich cultural highlights, a convention's goal can be best achieved. Taipei is an ideal destination consisting of the above merits.

It is our national policy to promote exchange of medical knowledge, we shall assist in every way we can to make your convention a success. Thus again, let me extend my warmest welcome to all of your members and colleagues to Taipei in the near future.

Sincerely yours,

Chi-Shean Chan, MD
Minister

健康是您的權利・保健是您的責任

圖4-1　相關政府單位支持信函

Dec. 4, 1998

International Atherosclerosis Society
Fondazione Giovanni Lorenzini
Via Applani 7
20121 Milan
Italy

Dear Sir:

It gives me great pleasure to welcome the International Atherosclerosis Society to Taiwan for the XIII International Symposium on Atherosclerosis in 2003. This is certain to be a highly significant event for your society, and your choice of Taiwan as its venue will help assure its outstanding success.

Taiwan, as you know, has some of the most up-to-date meeting facilities and services in the Asian region. In addition, we have fine hotels to make your stay here as comfortable and productive as possible, great restaurants serving a full range of delicious Chinese cuisine, the world's most spectacular collection of priceless Chinese art and artifacts in the National Palace Museum, temples where traditional religious practices continue to be carried on as they have been for centuries, and a dynamic society where the old blends in fascinating combination with the new. In addition, Taiwan offers some of the most entrancing mountain and coastal scenery in this part of the world.

Your choice of Taiwan as a meeting venue will be particularly appropriate at this time of interesting economic changes in the world, particularly East Asia. Taiwan, almost alone among the countries of this region, has weathered the current financial crisis relatively unscathed. Come and see the society that has managed this "miracle," even while becoming one of the most free and open democracies in this part of the world.

9F, 290 CHUNG HSIAO EAST ROAD, SECTION 4, (P.O.BOX 1490), TAIPEI, TAIWAN
TEL : (886 2) 349 1635 FAX : (886 2) 771 7036

圖4-2 政府觀光單位支持信函

Taiwan is convenient to get to, being located at the crossroads of Northeast Asia, Southeast Asia, and America, and provides easy access to the other destinations of Asia should the delegates want to visit other places during their trip.

Please be assured that the Tourism Bureau will give all the support needed to help make the XIII International Symposium on Atherosclerosis in 2003 a resounding success in Taipei, and an event that the delegates will remember as among the best they have ever attended.

Sincerely yours,

Shuo-Lao Chang
Director General

9F, 290 CHUNG HSIAO EAST ROAD, SECTION 4, (P.O.BOX 1490), TAIPEI, TAIWAN
TEL : (886 2) 349 1635 FAX : (886 2) 771 7036

（續）圖4-2 政府觀光單位支持信函

Taipei Metropolitan Government

Chen Shui-bian
Mayor

Office of the Mayor
Taipei, Taiwan, R. O. C.

December 5, 1998

Philip Y.A. Ding, MD., Ph.D.
Chairman
Organizing Committee
IAS 2003

Dear Dr. Ding,

As Mayor of Taipei, let me express, on behalf of the City Government, our strongest support for the proposal to host the XIII International Symposium on Atherosclerosis in 2003.

I can think of no place more exciting in which to enter the new century than Taiwan. IAS members from all over the world will have the opportunity to see and experience the dynamic changes that have taken place in our society. At the same time, they will enjoy the warm hospitality of the Taiwanese people, which I believe is unequaled anywhere in the world.

In our quest to become a leading Asia-Pacific regional operations centers, our national government and Taipei City have cooperated in providing world-class convention and hotel facilities, as well as extensive Mass Rapid Transit services and new public meeting places that will be in place well before the IAS 2003. Add to that the rich variety of cuisine and cultural institutions in Taiwan, and a visit to our country will certainly be an unforgettable experience.

In addition to the superior facilities that already exist, we shall, by 2003, have constructed the Taipei New Stadium, which will be made available to IAS World Congress. This will complement the facilities at the newly rebuilt China Sports Stadium. Both of these venues are located in central Taipei, which is a distinct advantage to conventioneers. All these facilities will certainly be ideal for

11F, No. 1, Shih Fu Road, Taipei, Taiwan, R. O. C. Tel: 886/2/27256112 Fax: 886/2/27598392, 27275268

圖4-3 地方政府支持信函

discerning international travelers, including families with young children.

Once again, may I assure you of my wholehearted support, as well as that of my government, for our hosting of the XIII International Symposium on Atherosclerosis in 2003, in Taipei – the city where Asia meets the world.

Sincerely yours,

Shui-bian Chen
Mayor of Taipei

（續）圖4-3　地方政府支持信函

Taipei World Trade Center Co., Ltd.

5 Hsinyi Road, Sec. 5 Taipei, 110
Taiwan, Republic of China

Tel: (886-2) 725-1111
Fax: (886-2) 725-1314
Telex: 28094 TPEWTC

Date: 87. 12. -1
Our Ref: 40255

Dear Dr. Ding:

It was a pleasure to learn that you have submitted a proposal to host the ***XIIIth International Symposium on Atherosclerosis*** at the Taipei International Convention Center （TICC）and the Taipei World Trade Center（TWTC） in the year 2003 and we will be most honored to play a part in this great event.

Taipei World Trade Center （TWTC）is devoted to the promotion of worldwide business and there's no doubt that we will offer the kind of assistance to make your symposium a success as we have to scores of similar events.

Please do not hesitate to contact us for any assistance or for any information on the Taipei World Trade Center.

Best regards,

Y. C. Chao
Executive Director
Exhibition Department

圖4-4　展覽場地支持信函

外貿協會台北國際會議中心
TAIPEI INTERNATIONAL
CONVENTION CENTER

1 Hsin-Yi Rd., Sec.5, Taipei, Taiwan, R.O.C
P.O. Box 109-816
Tel:886-2-723-2535
Fax:886-2-723-2590

When replying please refer to

Our Ref. No.

Date:

Dr. Philip Y.A. Ding, MD.,Ph.D.
Chairman
Organizing Committee
IAS 2003

Dear Mr. Ding,

It is my pleasure to pledge my support to the IAS Taipei Chapter in its bid to host the IAS (International Atherosclerosis Society) Conference in Taipei in the year 2003.

Taiwan is possibly best known for its economic miracle. At the forefront of this progress has been the city of Taipei which has also become a favorite site for many international events due to its numerous tourist attractions, and convention location. the Taipei international convention center(TICC), is equipped with some of the most modern audio and video facilities and is one of Asia's fastest growing venues for international meetings and conventions. Almost all the major airlines serve this city which has won praise for the friendliness and hospitality of its people.

We believe that the holding of the IAS 2003 conference in Taiwan will significantly promote global efforts to enhance Atherosclerosis Society.

I hope you will favorably consider this undertaking and look forward to warmly welcoming all delegates to the IAS 2003 in Taipei.

Sincerely yours,

Steve M. T. Chu
Executive Director

圖4-5　會議場地支持信函

Dr. Philip Y.A. Ding, MD.,Ph.D
Chairman
Organizing Committee
IAS 2003

Dear Philip,

Further to the meeting held on Nov. 27, 1998,we appreciate your invitation that considering EVA AIR the official carrier of IAS 2003 .

To support this event, EVA AIR would complementarily propose the following two charge categories:

1.For international guest-attendees, **local travel agent net** (which is the NET price of flight ticket) will be applied；

2.For conference guest-speakers, **50% off the flight ticket price** will be honored.

As for the charter contract you mentioned, we can only being scheduled to process detailed items 6 months before conference date due to the diplomatic issue of traffic right. I here apologize for any of your unexpected inconvenience.

We sincerely wish this meeting being successful, and please no hesitate contacting me of any question.

Best Regards,

Arthur Hung
Deputy Manager, FIT Marketing SEC.
Business Dept., Passenger Div.
EVA AIR

圖4-6　航空公司支持信函

台北市觀光旅館商業同業公會

THE INTERNATIONAL TOURIST HOTEL ASSOCIATION OF TAIPEI
台北市復興北路三六九號八樓之一
1-8F, 369, Fushin N. Road, Taipei,
Taiwan, Republic of China.
Tel/(02)717-2155・514-7467　FAX/717-2453

Dec. 2. 1998

Dr. Philip Y. A. Ding
Chairman
Organizing Committee
IAS 2003 Taipei

Dear Dr. Ding

IAS　2003　Taipei

It is with great pleasure to learn that The Subject International Convention may well be considered to be held in Taipei, and, we trust that not only the people concerned with; but also ourselves and all the people in this country heartily welcome to the honorable members of your organization.

Please be assured of our sincere and best cooperation to this great opportunity.

With best wishes to the success of your efforts.

Thank you, I remain,

Sincerely yours,

Michial Liao
Chairman
The International Tourist Hotel Association of Taipei

MC/ sc

圖4-7　觀光旅館公會支持信函

Grand Hyatt Taipei
中華民國台北市松壽路二號
2, Sung Shou Road, Taipei,
Taiwan, Republic of China

Phone:(886)(2)2720-1234
Fax:(886)(2)2720-1111

December 4, 1998

Dr. Philip Y. A. Ding, MD., Ph.D.
Chairman
Organizing Committee
IAS 2003

Dear Dr. Ding,

On behalf of Grand Hyatt Taipei and its Convention Services Team, I would like to extend the most sincere support to the distinguished conference to be held in 2003.

All of the Grand Hyatt Taipei staff are ready and have worked out as a team to make this conference become possible. Grand Hyatt Taipei will not only provide the room accommodation to conference participants, but to provide high quality of warm hospitality and to be of services to each one of them during their stay with us.

I would like to express my deep appreciation to the organizing committee for considering the Grand Hyatt Taipei to be part of the event. We certainly would like to be of further continuously support and looking forward to working with your team in the near future.

Sincerely yours,

Francis Wei
Convention Services Manager

OWNER . HONG LEONG HOTEL DEVELOPMENT LTD.
A member of the CDL Hotels International Ltd.

圖4-8　飯店支持信函

三、預算

舉辦國際會議需要花費龐大的費用，詳細的預算編列有其必要性，有些國家平均消費指數高，如日本東京、美國紐約、台灣台北等，有些國家平均消費指數低，如馬來西亞吉隆坡、泰國曼谷等，不同的國家，其預算的差距可能很大。若有政府機關的補助，對預算編列則有相當的幫助。

例如：2000年世界資訊科技大會（The 2000 World Congress On Information Technology）主管機關經濟部以及其他政府機構就給予不少的補助金額，一般會議可能沒有那麼幸運，因此政府對於國際會議的重視還未能全面化。在歐美國家比較少有政府補助，主辦單位只要將會議辦得有口碑，並受到與會者及贊助廠商的肯定，經費來源就不成問題，在國外很多著名的國際組織都靠舉辦國際會議來增加收入。

四、過去承辦國際會議的紀錄

這個部分可以將會議中心歷年來所舉辦的重要國際會議的名稱、日期、人數和主辦單位分別列出來，目的是顯示國內的會議中心有能力與經驗承辦。

五、飯店

依據大會預估出席的人數，來決定需要用多少家飯店，飯店要有等級之分，國外通常以「星級」來區分，可分爲五星級、四星級、三星級等，台灣飯店的等級由觀光局及專業單位共同評鑑，不以星級而以「梅花」來分，五顆梅花相當於五星級，四顆梅花相當於四星級，以此類推。房價也有不同區分，可以讓與會者依據自己的經濟能力作選擇。主辦單位會與各飯店洽談優惠房價，通常我們稱爲優惠的大會房價（convention rate）。優惠的大會房價期限除了大會期間外，按慣例，會議前後三天也要提供優惠的大會房價。

以台北地區來說，五星級飯店的數量已足夠，四星級與三星級的飯店不足，勉強可以稱得上三星級的飯店都淪爲賓館，賓館是不宜作爲國際會議選用的飯店，留給國外與會者不良的印象，那就得不償失。

六、航空

大多數的國家都有該國的代表航空公司，例如：英國航空、新加坡航空及中華航空等。飛機是國際會議最主要的交通工具。航空公司對國際會議大力支持，也是競標的重要條件之一，基本上，航空公司對國際會議都會大力支持，特定的航空公司也成爲大會指定的航空公司。特別是國家航空公司可能因爲政策性而提供各方面協助，例如：免費運送大會宣傳資料、海報等，有些航空公司還會免費提供重要演講者機票或升等服務。

七、交通與旅遊

地面交通的狀況與旅遊景點的規劃，也是競標企劃書中重要的部分。地面交通是否便捷，係指機場到會場／飯店之間的交通運

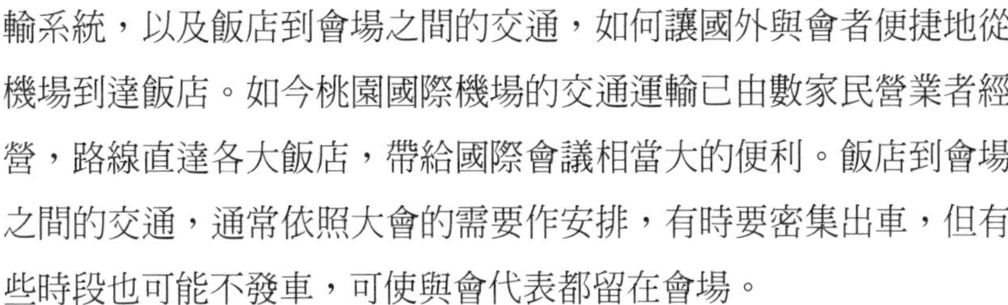

輸系統，以及飯店到會場之間的交通，如何讓國外與會者便捷地從機場到達飯店。如今桃園國際機場的交通運輸已由數家民營業者經營，路線直達各大飯店，帶給國際會議相當大的便利。飯店到會場之間的交通，通常依照大會的需要作安排，有時要密集出車，但有些時段也可能不發車，可使與會代表都留在會場。

如今電子媒體相當發達，如果會議的目的僅僅是資訊的傳達，那就大可不必勞師動眾讓與會代表跋山涉水到一個地方開會，只要利用視訊會議即可，下面章節中會對視訊會議作詳盡的介紹。除了資訊的傳達外，會議另一個目的是人與人之間的交流，同時，藉此機會瞭解該國的文化與自然景色。台灣地狹人稠，自然景觀有限，必須將原有的文化與自然景觀資產再作精心設計與包裝，相信仍然會受到與會者的歡迎。

八、餐飲

國際性會議的餐飲，有幾餐是慣例，例如：歡迎酒會（welcome reception）、惜別晚宴（farewell party）以及會期中的早、午、晚餐。場地的選擇與規劃、菜單的設計，都要在企劃書中簡單加以說明。當然規劃得越創新、越與眾不同，獲選的機會也會相對提高，對於餐飲的安排在下面章節中會詳細說明。

九、文化節目

文化節目也是吸引與會者是否參加會議的重要參考因素之一，同時，開幕典禮、歡迎酒會、惜別晚宴都是主辦國介紹本國文化藝術最佳的場合，但是節目的設計要多樣性，最好不要重複，惜別晚宴的節目也可以由下屆主辦國提供，給他們一個推廣宣傳的機會。參加國際會議的與會者多半也是他們國家中具有影響力的人士，特別是台灣在中國大陸強烈打壓國際空間時，是宣揚國家政經文化最佳的管道，政府首長實在應該對國際會議所能產生的效益作更深一層的評估。

例如：1991年美洲旅遊協會世界年會與1992年世界青年總裁會議，在許多有心人士花費相當大的心力下，精心設計了一些文化性節目，如歡迎酒會以民俗與中華小吃爲主，開幕典禮邀請雲門舞集表演「渡海」以及各地戲曲表演，當時獲得非常熱烈的迴響，這些節目也成爲後來很多國際會議沿用或參考的節目。

十、專業會議籌辦人

這一個部分可以分爲兩種情況說明，第一種是專業會議公司，另一種是專業會議籌辦人。

(一) 專業會議顧問公司

國際會議在台灣算是相當新的產業，逐漸發展是在十年前台北國際會議中心正式啓用後，由於市場逐漸有些需求，會議顧問公司也在這種情況下應運而生。在國外，很多會議顧問公司是隸屬在旅行社下面的一個部門，因爲國際會議涉及到航空、旅遊、交通及住宿，這些都是旅行業的業務範圍，在台灣也有這種情形，但是並不成功。

專業會議顧問公司需要一群專業人士，對會議的需要在各方面作專業的規劃，然而國人對專業的瞭解與尊重不夠，沒有事先請求專業人士協助規劃，經常在會議召開的前幾個月才交給會議公司籌辦，在倉促的情形下，很難達成預期的成效，也有些主辦單位認爲籌辦會議沒有什麼專業，僅僅是秘書性的事務，這是一種錯誤的觀念，希望藉由本書的介紹，大家可以瞭解會議的籌辦需要專業人士之協助。

(二)專業會議籌辦人

有些企業、學術機構以及社團本身，就有一群人經常舉辦各式會議甚至國際會議，他們所累積的經驗也可以成爲專業會議籌辦人。在國外有很多經過這種歷練的人，後來自己出來開設會議顧問公司。

以上兩種情形，無論是公司或個人過去承辦國際會議的紀錄，也成爲競標時評估的參考。

第二節　評比人員

一個重要的國際會議是各國競相爭取的，提出競標企劃書僅僅是爭取過程中的第一步，通常先經過理監事或評估小組初步審核並篩選，競標的國家會被要求是否願意接受評比人員（site visit members）實地勘驗，而且要求各國是否同意分攤評比人員旅行的費用。評比人數大約是三、四位，當然還是會因爲每一個組織之不同而異，由於其評估結果對於決定有極大的影響力，故這方面的工作，基本上評比人員的經驗與專業是相當重要的。

一、接待評比人員

幾年前曾為國內一個組織競標2003年XIII International Symposium on Atheroclerosis國際會議，當時有四個國家的城市在爭取這個重要的國際會議：加拿大的溫哥華、澳洲的雪梨、日本的東京與台灣的台北。當時有四位總會的評比人員到各國實地勘查，我方在整個接待過程中做得非常圓滿，最終雖因政治因素的影響而由日本東京獲得2003年主辦權，但也留給評比人員非常深刻的印象。因此在重要的國際會議爭取中，牽涉的範圍相當廣泛，而如何接待評比人員，將在下面一一作說明。

(一) 最高禮遇的接待方式

為了使評比人員實地瞭解國家對爭取國際會議的重視，透過相關的管道讓評比人員在抵達機場時能快速通關甚至到機門口迎接，且全程派員並盡可能的由籌備委員會重要幹部陪同。

(二) 住宿安排方面

通常會將評比人員安排在靠近會議中心與展覽中心附近的五星級飯店，這樣比較節省時間，而這些五星級飯店的人員也比較具有接待國際會議重要人士的經驗。這些評比人員的行程都相當緊湊，貼心、有禮的接待會使他們留下好感，在他們抵達飯店時，也可以要求飯店總經理或副總經理偕同主要人員在飯店門口迎接，以示尊重，當然也可以要求飯店在他們的房間提供鮮花、水果及總經理的歡迎函。

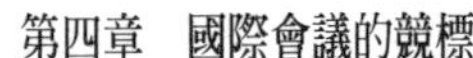

(三) 結合會議相關產業參與簡報，充分表現團隊精神

評比人員在實地勘查前，國際組織的總部通常都會提供一份評比人員來訪的行程表（itinerary）給爭取舉辦的單位參考，聽取簡報與實地勘查場地都是評比人員主要的工作之一，因此簡報的安排是相當重要的。

簡報最好結合會議相關產業，如觀光局、航空公司、會議中心、展覽中心、觀光旅館公會等業界，分別作簡報，目的是顯示各界都非常重視這個會議，爭取主辦的單位必須事先彙總簡報資料，確實內容的貫穿性，簡報當天分發簡報資料，讓評比人員在聽取簡報時，手中有參考資料。如果僅僅由爭取舉辦的單位一人作簡報，效果就會大打折扣。

(四) 實地參觀硬體設備

包括國際會議中心、展覽中心和主要飯店。評比人員實地勘查硬體設備的目的是希望實地瞭解這些硬體設備是否符合大會的需要，以及人員是否夠專業，足以承接這個重要會議。前面所提到的XIII International Symposium on Atheroclerosis競標，評比人員對於台灣的會議中心與展覽中心的設備、人員的專業就相當滿意。

(五) 拜會政府首長

爲了顯示政府對國際會議的重視，爭取會議的單位都會儘量設法安排評比人員與政府首長會面，讓評比人員當面獲得政府首長的支持。前面所提的那次競標，就安排拜會當時的行政院長蕭萬長，並當面獲得院長全面支持。拜會的動作非常重要，雖然只有短短的

見面，但是政府首長當面的承諾（commitment）卻意義非凡。

(六) 參觀活動

故宮的文物世界馳名，安排專業導覽讓評比人員對中華文物的精緻、悠久留下深刻印象。如果時間許可，當然還可以安排其他方面的參觀，如龍山寺、原住民博物館等，讓評比人員瞭解當地文化的多樣性。

(七)致贈禮物

評比人員對最後的決定具有很大的影響力，在他們實地勘查時，能致贈一些具有特色的禮物是絕對有利的。中國人常說：「吃人嘴軟，拿人手短」，這個定律中外皆適用。

二、知己知彼，贏得勝利

競標的過程是相當激烈的，每一個國家都是使出渾身解數，下面所述是如何讓自己贏在起跑點。

(一) 政府大力支持是重要的關鍵

在評比人員實地勘查時，儘量安排拜會政府首長，首長的層級越高越好，目的是顯示政府大力支持。因爲一個重要的國際會議所牽涉的層面相當廣泛，沒有政府的大力支持，有些事情是很難辦到的，例如：私人專機的降落、包機、關稅以及簽證問題等事宜，都需要依靠政府的力量才能達成。

(二) 與評比人員建立個人關係，特別是具影響力的人士

評比人員通常是在這個國際組織中具有分量與影響力的人士，與他們建立良好的個人關係有助於獲勝。這些可能是長久建立的關係，也可能從當時才開始，例如：1991年美洲旅遊協會世界年會台灣獲得主辦權，是因爲趙前理事長與總會已經建立了長久的關係，才能爭取到這個國際會議。很多國內所爭取到的國際會議，也都是這種情況。

(三) 讓評比人員在短期停留期間留下意猶未盡的感覺

無論在參訪、旅遊甚至美食方面都設法讓評比人員有意猶未盡的感覺，目的是希望激起他們想再來的欲望。當然能事先瞭解評比人員的嗜好會更有幫助。

(四) 試探軍情以便瞭解對手的虛實

在評比人員中如果沒有已經認識的人，儘量利用短短的時間建立個人關係，如果其中已有認識的人，更應該積極套交情，試探軍情，立即補救，前面所提的那次競標，因爲其中一、二位評比人員以前就認識，因此有些遺缺的資料就可以立即補上。

以上幾點是我們對評比人員立即可以展現與掌握的，但是「政治因素」卻是無法掌握的，重要的國際會議往往會受到中國大陸的打壓，特別是政治性的國際會議，台灣經常很難爭取到。

Part 3

會議前的規劃（I）

此一階段工作期最長，也最重要，如果在規劃期把相關準備工作做好，則後面兩階段的工作應會有很好的效果呈現。本篇就會議前的規劃來說明本階段的工作內容，包括大會組織與經費的籌募及會議前的作業安排。

Chapter 5

大會組織與經費的籌募

通常決定舉辦或爭取到一個國際會議後，必得組成一個臨時的大會組織，也就是籌備委員會，由這一組織的人來籌劃會議前的種種準備工作。同時，會議的籌備及舉行需要一筆經費，至於經費的多寡則視會議大小、型態等因素而有所不同，但是經費的預算、來源及籌募，必得仔細計畫，否則空有完美的籌備工作計畫，沒有經費也是無法付諸實現的。

第一節　組織籌備委員會

籌備一個成功的國際會議就像蓋房子一樣，先要把地基打好，首先要架構一個完整的籌備委員會，有了好的基礎，方能有效率的發揮功能，將複雜繁瑣的籌備工作有條不紊地逐一完成。由此可見，組織籌備委員會在籌備初期是必要且重要的，會議的成敗，端視主辦單位是否有一個能發揮功能的籌備委員會。

一、組織籌備委員會

決定召開一個國際會議或者爭取到一個會議主辦權時，會議負責人首要的工作便是組織一個籌備委員會，來專職處理會議的所有相關事宜。

首先，組織委員會及任命委員會的委員通常是理事長（會長）的責任，或是由理事長（會長）指示秘書長去執行。籌備時間視會議規模大小來決定，一般三百至五百人的會議，最好在會議前二年開始進行，或至少在會前十二至十六個月組成一個完整的籌備委員會，經驗告訴我們，在此階段許多重要的決策及相關細節，需要周全地討論並決議，方可對外通告會議消息並寄發宣傳資料。

其次，有些會議籌備委員會的架構非常龐大且複雜，但也有一些會議只是由少數熱心、有興趣、有時間且有此能力的人去完成。記住要儘量避免委員會的組織過於龐大，以免工作職責流於重疊或形式化，而造成許多不必要的混亂。

第三，一般大型國際會議籌備委員會之組織架構如下：

1.指導委員會（advisory board）：大型國際會議通常牽涉層面較廣，需要政府或民間多方面的協助，例如：簽證及通關事宜、經費籌措等。因此可設一指導委員會，由政府相關指導單位（如觀光局）首長擔任名譽主任委員，該單位各相關局處負責人及其他涉及的單位人員則擔任委員。

2.籌備委員會（organizing committee）：籌備委員會負責決定政策原則，而後交執行委員會執行，並負監督之責。委員會成員可聘請該專業領域之產官學專家擔任，大部分是無給職，然而因爲需要定期召開籌備委員會會議，亦可酌予委員車馬費。

3.執行委員會（executive committee）：執行委員會主任委員／副主任委員、執行長／副執行長必須負責以下之事項：

(1) 籌備進度控制。

(2) 決定籌備會議議程。

(3) 召開籌備會議。

(4) 定期向籌備委員會提出進度報告。

(5) 召開執行委員會議。

(6) 協調各組工作。

(7) 控制預算。

4.委員會之下設大會秘書處及各執行工作小組，如預算許可，最好指定一家專業會議顧問公司協助各項籌備事宜。不管籌備委員會組織架構大或小，有兩個基本程序是必須要做的：

(1) 將籌備期間所有相關的委任、簽約事宜及經費支出等，集中在秘書處進行，以便籌備工作的統籌。

(2) 保持主任委員（大會主席）與各組負責的委員及秘書處之

間密切的聯繫，例如：透過往來信件影本的分送、會議記錄或是直接的諮商。

在秘書處統籌的秘書長或其指定代理人必須清楚瞭解這樣的工作，並與籌備會其他各組密切協調有關的工作。

二、籌備委員會組織圖

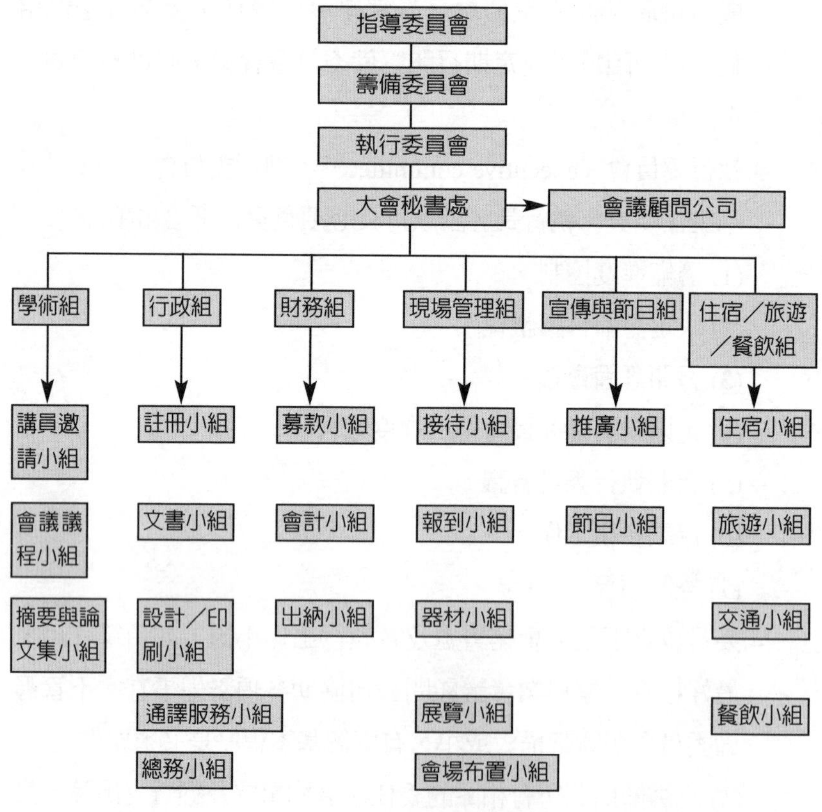

圖5-1　籌備委員會組織圖

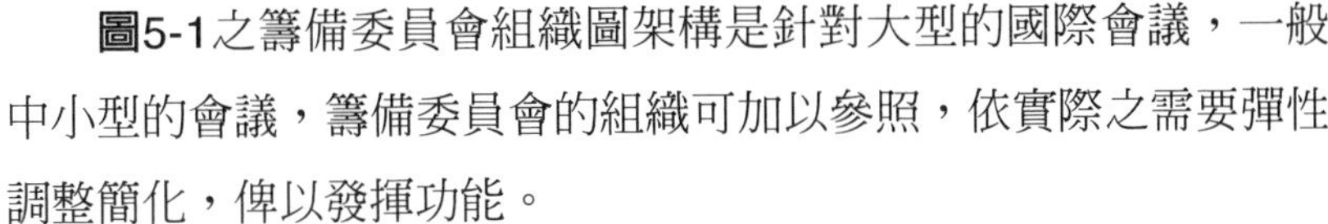

圖5-1之籌備委員會組織圖架構是針對大型的國際會議，一般中小型的會議，籌備委員會的組織可加以參照，依實際之需要彈性調整簡化，俾以發揮功能。

三、執行委員會各工作小組之工作說明

以下各組編列方式可依照人力多寡而有所調整，如人力不是很充足，或是會議規模不是太大時，則可將各個小組濃縮成一個組。

(一) 學術組（scientific sub-committee）

一般國際性的學術會議必定需要一個學術組委員會，策劃會議議程及講員邀請等事宜。

◆講員邀請小組（invited speaker）

1.演講人邀約、確認。

2.演講各場次主持人選邀約、確認。

◆會議議程小組（meeting agenda）

1.會議日程擬定。

2.演講時間排定。

◆摘要與論文集小組（abstract & proceeding）

1.訂定摘要及論文編寫格式。

2.審核、校對學術論文。

(二) 行政組（administration sub-committee）

如果主辦單位有聘請專業會議顧問公司，則大會秘書處通常會

設在會議顧問公司，因此行政組的工作會在此進行。

◆註冊小組（registration）

1.會前報名流程設計與規劃。

2.報名資料處理。

3.報名人數統計。

4.票務管理。

◆文書小組（correspondence）

1.文書事務工作處理。

2.籌備會議資料統籌、建檔。

3.公函、書信往返之處理。

4.會議記錄整理、分送。

5.論文摘要處理分類再轉交學術組。

◆設計／印刷小組（design/printing）

1.各項印刷品文字資料設計，包括信封、信紙、海報、貼紙、會議通告、報名表、邀請卡、證書、節目手冊等。

2.已編輯之印刷資料付印安排。

3.印刷品文字校對。

4.各項印刷品印製進度及品質控制。

◆通譯服務小組（interpretation，如大會決議需要同步翻譯服務）

1.翻譯人員的遴選、聯絡與協調。

2.翻譯設備器材安排、聯絡。

◆總務小組（general affairs）

1.會場安排協調、場地簽約事宜。

2.各會議室座位安排。

3.紀念品、獎牌、資料袋等製作統籌。

4.會議資料運送至會場及運回之安排。

5.會場辦公室及辦公設備用品安排準備。

(三) 財務組（finance sub-committee）

根據行政組所編列的預算，經籌備委員會通過之後，交由財務組作爲收入及支出的把關依據，最重要的是每次籌備會議還需製作財務報表，讓委員會知道大會的收支及財務狀況。

◆募款小組（fund raising）

1.贊助企劃書製作。

2.接洽贊助廠商。

3.贊助廠商協調聯絡。

4.贊助款項收取。

◆會計小組（accounting）

1.收入支出要項之預算編列。

2.各組預算審核。

3.財務結算。

◆出納小組（cashier）

1.籌備期間之收支管理。

2.規劃費用申請程序。

3.各項發包事宜處理。

4.登帳及定期製作報表。

(四) 現場管理組（site management sub-committee）

會議期間，會場的掌控及協調極爲重要，負責的會議籌辦人需要對所有相關事宜全盤瞭解，在現場才能發揮功能。

◆接待小組（reception）

1.講師／貴賓之接待事宜規劃。
2.現場工作／接待人員之安排招募、訓練協調。
3.接送機事宜安排。
4.講員／貴賓參觀旅遊活動安排。
5.記者會／司儀之統籌安排管理。

◆報到小組（registration）

1.報到處規劃。
2.報到相關事宜處理。
3.報到處工作人員訓練。
4.報到人數及相關報到資料用品統計。

◆器材小組（equipment）

1.視聽設備使用規劃。
2.視聽設備租用聯絡及協調。
3.工程人員溝通協調。
4.現場設備使用狀況掌控。

◆展覽小組（exhibition）

1.展場規劃安排協調。

2.徵展企劃書製作。

3.廠商參展招募、收款。

4.廠商進／撤場事宜協調。

5.廠商代表參加大會節目之安排。

◆會場布置小組（decoration）

1.會場布置事宜規劃。

2.協力商聯絡、議價、協調。

3.現場布置時間及相關事宜協調安排。

4.布置物檢視、驗收。

5.布置物撤出檢視。

(五) 宣傳與節目組（publicity & program sub-committee）

會議籌備階段，節目規劃及宣傳最爲重要，也因此本組負責人需要較有經驗的人來帶領，會議安排便可事半功倍。

◆推廣小組（promotion）

1.國內外新聞發布。

2.新聞稿擬定。

3.新聞媒體及刊物報導之接洽。

4.電視、廣播採訪報導之安排。

5.記者會安排。

6.擬定推廣計畫，以協助增加與會人數。

7.大會公關活動安排。

8.大會相關報導及新聞資料建檔留存。

◆節目小組（program）

1.大會社交節目規劃，如開／閉幕典禮、酒會、晚宴等。

2.表演團體接洽、議價。

3.表演現場相關事宜協調安排。

4.設計眷屬節目。

(六) 住宿／旅遊／餐飲組（accommodation, tour & f/b sub-committee）

不論會議大小，舉凡國際會議，住宿、旅遊、餐飲缺一不可，有經驗的會議籌辦人知道如何與各種專業打交道，包括飯店、旅行社及餐飲業。

◆住宿小組（hotel）

1.大會旅館洽商、議價、簽約。

2.大會貴賓、講員、工作人員住宿房間安排。

3.旅館住房事宜協調。

◆旅遊小組（tours）

1.參觀旅遊活動安排協調。

2.旅行社洽商。

3.旅遊人數統計。

◆交通小組（transportation）

1.會場接送安排。

2.機場接送安排。

3.社交活動之交通安排。

4.相關活動之交通安排。

◆餐飲小組（food & beverage）

1.晚宴酒會安排。

2.午餐安排。

3.茶點安排。

4.餐飲安排協調。

以上是對國際會議籌備委員會各組工作內容作重點介紹，在內容中可以清楚瞭解各組工作範圍與執掌，不會造成混淆的情形。

第二節　訂定工作進度表與節目的設計

一個圓滿成功的會議，一定是經過精心設計、周密籌劃的會議。同時，設計豐富的節目與挑選適合主題的講員，是會議成功最關鍵的因素。

會議籌辦人在籌劃一個高水準的學術性會議中，角色變得越來越重要，在有些例證中就可以看出來，例如：控制工作進度、設計節目形式、協助邀請演講者、講義方面之品質控制，有經驗的會議籌辦人扮演著主導的角色。

一、「工作進度表」之訂定

以大型國際學術研討會為例，約在兩年半前開始策劃；首要工作便是訂定一份完整的工作進度表，在什麼時間完成什麼事，如能確切訂定並執行，加以適當之監督，必能事半功倍完成籌備工作。

會議的籌備工作進度分成三大階段：會前、會期、會後，茲分別說明如下：

(一) 會前——規劃階段

這個階段通常時間最長、事情最多，因爲要籌備的事項很多，所以最好早一點開始進行。

◆會前兩年半

1.確定會議日期與場地：視察場地、評估並商議費用。

2.評估財源並製作預算：預估此案收入及支出。

3.成立籌備委員會：邀請相關領域適合之人選並分工。

4.成立秘書處：指定工作人員、安置設備並建立檔案。

5.設計會議Logo：印製信封、信紙。

6.確定飯店房間數之預定：視察使用之飯店房間及設備，並請飯店報價、簽約。

7.確定會議室使用數量，並視察有關設備、場地簽約。

8.製作工作進度表：可委由會議籌辦人控制進度。

9.蒐集準備宣傳寄發名單：寄發會議宣傳資料、報名表等。

10.定期召開籌備會議，審視各項工作進度及決議。

◆會前兩年

1.製作籌備企劃書，用以提報政府單位申請經費補助或向民間相關組織募款：含會議緣起、宗旨、內容；擬邀請演講者陣容、主題；籌備委員會組織及名單；各組工作職掌、工作進度表和預算。

2.擬定推廣計畫：本次會議如何有效宣傳。

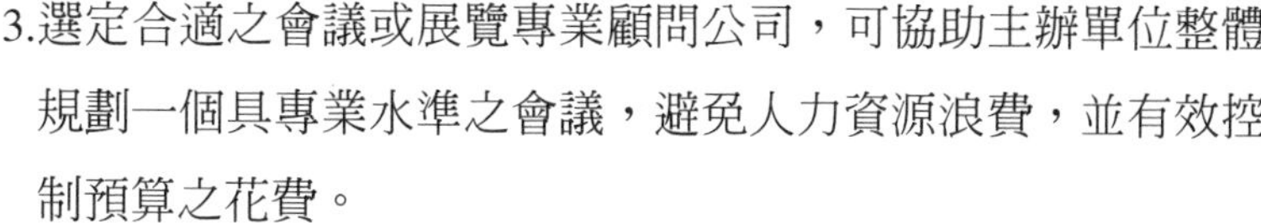

3.選定合適之會議或展覽專業顧問公司，可協助主辦單位整體規劃一個具專業水準之會議，避免人力資源浪費，並有效控制預算之花費。

4.草擬學術節目：確定會議主題及擬邀請講員名單。

5.決定報名費及相關費用：可參考以前會議並由籌備會決議。

6.蒐集旅遊、藝文等資料：可指定專業旅行社辦理。

7.決定會議是否使用同步翻譯：如需使用，得預訂設備、翻譯人員，並增加預算。

◆會前十八個月

1.草擬會議通告：含邀請函、會議日期、地點、主題等。

2.印刷並寄發會議通告：初步預告可能參與人士，大會將於何時、何地舉行以及報名費等資料。

3.確定學術節目型態及內容：發函邀請演講人及各場次主持人。

4.確定社交節目之安排：包括酒會、晚宴及眷屬的活動、開閉幕典禮等。

5.設定大會所有印刷品之印刷時間表並與印刷設計公司協調：宣傳手冊、報名表、論文摘要表、海報、節目手冊、名牌、證書、邀請卡等。

6.確定所有將寄發給報名與會者之宣傳手冊應包括的資料，並著手草擬宣傳手冊及報名表、論文摘要表、訂房登記表：報名費、各項社交活動及費用、徵求論文之規定／方式及收件截止日期、演講視聽設備之提供、飯店房價及訂房手續、提早報名優惠日期、取消報名截止日期、優惠訂房截止日期、通訊報名截止日期。

7.網頁設計：委託專業公司或專業人士設計大會網頁，以便會員上網瀏覽，或使用網上報名。

◆會前十二個月

1.草擬展覽說明書及合約：擬印製寄發給廠商徵展。

2.蒐集參展廠商名單：可請籌備委員提供。

3.徵展活動開始：寄出說明書、舉辦說明會、親自拜訪。

4.印製並寄發宣傳手冊及相關表格：確定所有相關名單及單位都已寄出。

5.確認講員是否接受邀請並請提供演講題目及摘要：如有人無法應邀，則另邀請其他人選，儘快確認。

6.選製大會紀念品、資料袋獎牌、名牌膠套等：評估可能數量，先預定並確認交貨期。

7.報備政府有關單位本次會議之舉辦時間：請協調有關駐外單位給予與會者簽證事宜之協助。

8.聯絡並確定會議各項安排之供應廠商：視聽設備、燈光音響、旅行社、交通、餐飲安排、會場布置。

◆會前六個月

1.審核投稿之論文：學術節目組委員。

2.安排節目議程並挑選邀請各組主持人（投稿部分）：學術節目組委員。

3.寄發通知函給投稿人：告知投稿有否被接受及其報告時間、地點、組別。

4.寄發通知函給所有受邀之主持人：告知其主持的組別、時間、地點，並寄發相關參考資料，如該組論文摘要、報告人背景等。

◆會前三個月

1.發布新聞：向相關媒體預告會議有關資訊。
2.邀請開閉幕典禮出席貴賓：如需貴賓致詞，得書面告知時間地點。
3.現場工作／接待人員規劃及招募：報到處、會議室、貴賓接待等人員安排，並擬定訓練課程。
4.草擬設計大會節目手冊：議程確定、演講人、主持人確定、各項社交節目確定。
5.安排VIP接機事宜：車輛、接機人員、通關安排等。
6.會場布置設計發包：含機場歡迎牌、會場、會議室、報到處、展覽區、酒會、晚宴場地。
7.報到處使用規劃：設計報到流程。
8.確認各項餐飲安排：酒會、晚宴、咖啡茶點、午餐。
9.社交活動表演節目設計：開／閉幕典禮、酒會、晚宴。

◆會前一至兩個月

1.通訊報名截止：統計評估報名人數。
2.與飯店核算已訂房數量：與實際預定房數相差多少。
3.現場接待人員工作訓練：一至兩次訓練。
4.印製大會節目手冊、學術論文摘要集、與會者名冊：已報名者報到時應領取的資料。
5.印製大會相關印刷品：名牌、證書、感謝狀、邀請卡、餐券。

6.檢視各項活動、節目、餐飲之安排：演講議程、演講人／主持人通知、視聽設備、開／閉幕典禮流程、酒會及晚宴、午餐及咖啡茶點、參觀旅遊、表演活動等。
7.展覽廠商協調會：攤位位置、布置、進／撤場事宜等。
8.檢視會場各項set-up：與會議中心及飯店人員作最後確認。

(二) 會期——執行階段

所有會前的籌劃、準備就是為了這幾天的會期，有萬全的準備，這個階段就會有完美的演出。

會前三天至會期：

1.召開記者會：準備新聞稿及大會相關資料。
2.現場接待／工作人員預演，籌備委員會主要委員也應到場。
3.報到相關資料裝袋，並安排運送至會場。
4.檢視各場所布置，確認並現場驗收。
5.各項節目、表演彩排：司儀或主持人也應到場。
6.會場桌椅擺設確認：燈光、音響、麥克風、銀幕、講台、幻燈機、投影機、單槍等，一一檢視無誤。
7.報到處／秘書處set-up：報到資料及大會相關資料進場。
8.展覽廠商進場：廠商報到並發給相關資料。
9.檢視餐飲安排：再確認數量、菜單。
10.大會正式開始：根據工作流程表（run-book）進行每一項工作；每日工作結束後，主要工作負責人必須集合檢討當日工作有無任何缺失需即時改善，同時再預習第二天之工作流程。

(三) 會後——善後階段

很多籌備會議的人通常會忽略這個階段，其實善後工作雖然很累，尤其是已經準備那麼久的會議終於圓滿閉幕，任誰都想好好休息一下，但是會議閉幕後其實還有很多工作要總結，要把這些工作完成之後，會議才算結束。

會後一個月內：

1.統計報名人數：分國家及總數。

2.與飯店核對總住房數：蒐集帳單並支付帳款。

3.財務結算。

4.撰寫／寄發感謝函：協助單位、演講人及主持人等。

5.舉行慶功宴。

6.整理大會相關資料並歸檔：含報名表。

7.召開檢討會報告收支情形：結案會議並解散籌備委員會。

8.論文集編撰。

9.薪資清冊，以備次年初申報所得稅。

10.結案。

二、大會節目設計

設計好的學術節目是大會成功的基本要件，大會節目設計委員會成員的參與特別有幫助，他們瞭解什麼是與會者的期望，這是設計節目成功的要素，給節目委員會充分時間，告知截止日期，接著設計學術研討會慣例進行的內容大綱，再預估需要多少時間籌劃，包括場地選擇到會後評估。

(一) 節目設計應考慮的要素

針對會議的型態或傳統，考慮節目設計的方向，節目設計的內容也會影響與會人數的多寡。

1.在節目設計前有一些基本要素需要考慮：必須瞭解以往節目設計的型態和主題，最重要的是「主題明顯」且符合大會及參加開會人員需要，它是強調學術或是要受組織、公司、與會者的認同？大會是否要賺錢？與會者的期望？因此，過去大會的評估調查表和每場研討會出席報告是最有用的參考資料。

2.如果這是例行會議，大會名稱與主題要先選定，下一步列出大會形式的大綱，加上學術討論時間和社交聯誼及額外所需時間，根據這些先設計一個時間表。

3.考慮與會者的興趣、嗜好之標準，設計每一節學術節目之間的休息時間，以免讓與會者的集中力使用過度，包括報到時間、開幕典禮、餐飲、社交活動、展覽時間和閉幕典禮的評估。

(二) 學術節目研討模式

大部分的會議至少安排一個啓發性的專題演講，鼓舞與會者學習的欲望，當然也有一些技術性的研討方式可用：

1.提出問題，以討論方式進行：針對一個特定主題，由三至四位專家提出個人見解，再與台下聽衆進行討論。在結論階段與會者對整個研討可提出問題。

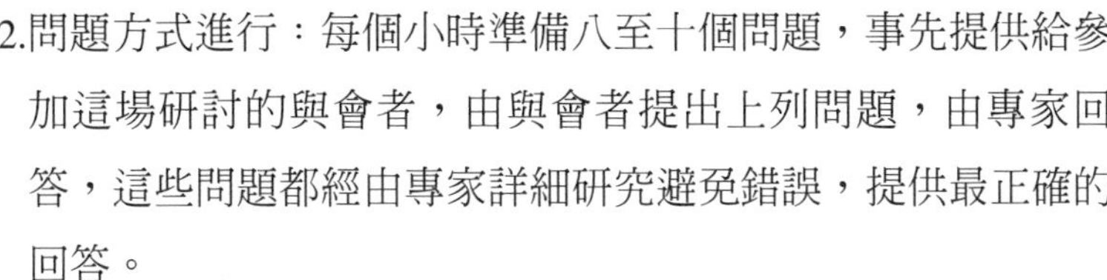

2.問題方式進行：每個小時準備八至十個問題，事先提供給參加這場研討的與會者，由與會者提出上列問題，由專家回答，這些問題都經由專家詳細研究避免錯誤，提供最正確的回答。

3.研習會方式：以小組討論方式應用一些教學技巧，例如角色扮演（role-playing）、模仿對立角色（simulation encounters）和問題解決（problem-solving laboratories）。

4.圓桌會議：每一桌十至十二人，針對一個主題討論，且有一位專家協助，或者專家走動式協助每一桌，在一種非正式的氣氛下提出問題，彼此分享。

5.藉由輔助設備：當討論某種特別儀器和設備，有一些繪圖輔助是很有用且能提高興趣的。例如電腦閱讀，如果沒有繪圖輔助較無法達到效果。

6.模仿對立角色：經由模仿對立角色，使與會者瞭解對方。十至十五人一組，事先經由說明與指導。

7.爭議性討論：激起興趣與辯論，安排二至三個爭議性的題目，主持人經常挑戰辯論者。

8.海報方式：利用照片、圖表、平面方式說明。

9.其他節目手法：會議進行方式很多種，儘量應用媒體資源和技術，鼓勵演講者使用相關視聽設備。

幻燈片在會議中已被使用了十幾年，但現在被錄影帶取代了一部分，在有些研討會中如角色扮演，則立即錄影下來，再放映給大家看，加以討論。電腦輔助節目也變得越來越受歡迎，有線電視網路在未來也會越來越普遍，影像會議（video tel-conferencing）也是另一種會議趨勢，這些都使會議變得越來越生動有趣。而且會議技術日新月異，對會議籌辦人來說不斷地吸取新知是非常重要的。

(三) 節目委員會委員之遴選

對於委員會成員的選擇要著重在節目主題方面的專業。委員會的召集人由委員中選出，這個人要有足夠的能力，對節目選擇負責任並有控制與主導能力。

對委員的邀請函中須詳細說明他們的職責和時間，提供大會暫定時間表及旅費支付規則，並附上回函是否接受、截止日期、在哪個時限要寄回，越充分籌劃，節目會越充實。

◆委員作業指南

1.瞭解節目委員工作時間和截止日期。

2.如果截止日期無法配合，要立即向召集人和助理報告。

3.與演講人員聯絡：

(1) 獲得其全名、地址、電話號碼。

(2) 告知研討會進行方式與開會人員的期望，包括主題和綱要。

(3) 告知酬勞。

(4) 需要講題大綱與詳細文字。

(5) 詢問哪一天、哪一個時間邀請他演講是否有空。

4.將完整的任務分配表給節目組召集人與助理人員。

5.如果任務分配表有任何不正確或無法完成每一階段工作時，要立即通知節目組召集人和助理人員。

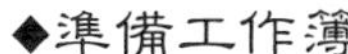

在第一次籌備委員會召開前寄一份工作簿給委員們，最好用散裝夾可隨時增加，內容如下：

1.籌備委員名單，包括上班及住家電話、地址、傳真號碼、E-mail等。
2.委員收費（報名費）和作業規則。
3.工作人員名單，並簡述他們的角色與職責。
4.會議的目標和主旨。
5.大致簡述節目的結構。
6.過去幾年的宣傳資料。
7.過去節目的評估摘要。
8.過去的會議議程。
9.有關酬勞和費用政策，或是義務職。
10.會議場地資料和地圖。
11.預計出席人數。
12.會議日期和過去比較。
13.會場平面圖及會議室容量。
14.當地聯絡點和資料來源。
15.會議預算。
16.會議進行方式（包括每一場進行方式）。
17.視聽器材資料。
18.節目相關資料：展覽、眷屬、節目、旅遊、餐飲等。
19.詳述有關特殊考量或問題，例如在某一天學術研討會議室沒有空等。

其他包括主辦單位資料和企劃程序，例如有關醫學會議就要教育學分鑑定的資料。

(四) 節目組籌備會議議程

先訂定議程，第一次節目組籌備會議的議程內容大致如下：

1.介紹籌備委員及工作人員。
2.會議宗旨、目的和主題。
3.委員收費方式。
4.會議場地使用說明。
5.主辦單位政策：
 (1) 委員費用申請。
 (2) 演講人酬勞（演講費和旅費）。
 (3) 委員和演講人免收報名費。
6.審視評估摘要、出席人數及過去節目內容。
7.節目形式：
 (1) 大型會議。
 (2) 午餐圓桌討論。
 (3) 研討會形式。
 (4) 辯論形式。
8.節目時間表。
9.演講者建議。
10.委員工作分配。
11.下次會議日期。

在籌備會開會前將討論題目和演講工作表分送給委員。討論主講人是否適合這個題目，請各委員提出題目來討論與選擇，推薦演講人等。

另外一種方式是指派特定幾位委員，由他們負責設計節目，提出演講者名單在委員會中加以討論。

會議記錄不需要每樣都記，只要記錄重點，一項一項列出，以及每個人負責之工作項目與完成日期。

第三節　編列預算與財務管理

良好的財務管理和預算控制是籌辦會議最重要的因素之一，如果應用得當，能讓會議籌辦人瞭解收入從哪裡來，錢用到哪裡去；確定收入比例來自哪些地方；分析錢花在哪裡，哪裡花費太多；確定哪裡可能增加收入（如廣告費收入）。

假設你第一次寄出的宣傳資料反應良好的話，就會提高報名率；第二次宣傳資料寄出也可能再增加一些人數，但是你別忘了評估印刷成本。預算控制非常重要，盡可能每月、每週、每日檢查財務情況。

一、預算如何編列及籌募

有經驗的會議籌辦人能將會議的預算拿捏準確，所編列的預算就能符合主辦單位需求，甚至能建議一些增加收入的方法。

(一) 建立預算的財務哲學

成功預算的第一步是決定財務哲學：是要打平還是要有利潤？先有這個概念，讓主辦單位的主要人士瞭解狀況。

有很多組織其收入來源是開會，如果利潤是被預期的話，希望多少利潤？對於報名費與攤位租金多少是否有限制？每個組織的目標和財務結構不同，因此要事先瞭解預算哲學。

(二) 建立費用的預算

確定預算哲學後再決定費用預算，一旦決定後，收入就要配合支出，案例一（如表5-1）之預算表能幫助正確比較每一項支出和收入的預算。應注意事項如下：

1.每項相關費用都歸類在相關科目下，例如打字、印刷、裝訂和郵寄都歸類在大會手冊印製。費用預估盡可能正確，從各供應商那裡拿到估價單，要求提供較大費用項目，例如：印刷、視聽器材租用、陸上交通運輸，不但能幫助費用預估較正確，同時也可以幫助議價。

2.有些項目是必須依照實際成本預估，例如資料的影印，決定其比例時要預加一點以防通貨膨脹，與前兩年作比較，再計算一下每年增加比例。

3.設計一本估價手冊是很有用的，將所有報價集中，隨時參考比較，若製成表格會更清楚。例如：假如主辦單位的政策是提供演講人旅費（經濟艙或頭等艙）、餐費、住宿、交通、酬勞，都要一一列出項目。

4.在案例中的人員費用歸類在執行費用，但也有些將人員費用

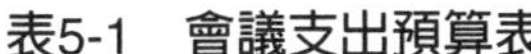

表5-1　會議支出預算表

案例一：醫學會議（600人） 支出部分 NT$		
(1)場地費		$600,000.-
(2)演講者酬勞、旅費、住宿		$720,000.-
(3)籌備委員會費用		
3.1節目委員會費用	58,000	
3.2旅費、住宿	250,000	
3.3籌備會議費用	50,000	$358,000.-
(4)印刷費		
4.1會議通告印製、分發	120,000	
4.2海報印製、分發	50,000	
4.3網頁製作	50,000	
4.4大會手冊印製	330,000	
4.5入場券／邀請卡	30,000	
4.6摘要印製、分發	220,000	$800,000.-
(5)展覽		
5.1推廣、簡介	65,000	
5.2布置、運送	120,000	
5.3海報板	50,000	
5.4保全	100,000	
5.5展覽場地租金	250,000	$585,000.-
(6)報名		
6.1名牌、表格	75,000	
6.2人事費用	65,000	
6.3電腦分析	85,000	$225,000.-
(7)視聽器材	350,000	$350,000.-
(8)社交活動		
8.1開幕酒會	450,000	
8.2晚宴	650,000	
8.3午餐	300,000	
8.4咖啡點心	200,000	$1,600,000.-
(9)執行費		
9.1人員或顧問費用	1,200,000	
9.2電話／影印　／傳真費	200,000	
9.3紀念品／資料袋	200,000	
9.4郵費	100,000	
9.5保險	80,000	
9.6人員旅費、住宿	60,000	
9.7會場布置費	280,000	
9.8臨時工作人員費用	150,000	$2,270,000.-
	支出總計	$7,508,000.-

歸類在一般行政費用，計算員工的成本包括薪資、稅金和福利。

(三) 建立收入預算（籌募經費）

同樣的是先要考慮會議的財務哲學，是否要從攤位出租或報名費獲利？是否將社交活動收入與支出打平還是要獲利？是否尋求外界贊助並希望有一部分盈餘？

案例二（如**表5-2**）爲收入預算的例子，將每項收入分開，主要項目爲報名費、展覽攤位出租、社交活動收入等。應注意事項如下：

1.每一項收入保持正確記錄，例如有關報名費收入的預估是以最近報名統計和過去在同一地方舉行的經驗。經濟狀況的改變會刺激報名率，也同樣會降低報名率。收入的預估最好保

表5-2　會議收入預算表

案例二：醫學會議（600人） 收入部分 NT$		
(1)報名費收入		
1.1會員（400位×$3,000）	1,200,000	
1.2非會員（200位×$3,500）	700,000	$1,900,000.-
(2)攤位出租		
（50個×$35,000）	1,750,000	$1,750,000.-
(3)社交活動		
3.1開幕酒會	大會招待	---
3.2晚宴	900,000	$900,000.-
(4)利息收入	150,000	$150,000.-
(5)政府單位補助	1,800,000	$1,800,000.-
(6)民間組織贊助	1,200,000	$1,200,000.-
		收入總計 $7,700,000.-

守一點。

2.所謂利息收入也是一種收入來源，例如在會前收到報名費、攤位租金，所產生的利息收入。有些組織將利息收入也作爲預算收入。

3.第(5)項及第(6)項之政府、民間贊助款是較難掌握的收入，但有時卻是很重要的收入來源，因此籌備委員在籌募經費時，針對此部分收入必須謹愼規劃，並善用資源努力爭取。

4.當完成收入預算時，對照一下支出預算，是否有盈餘，如果收入預算太低，重新再審核一下數目，或許可以增加，其方法如下：

(1) 將截止日後報名者與現場報名者收費提高。

(2) 攤位租金費用或許也可以再作調整。可以參照相同組織對攤位租金的收費。

(3) 如果收入預算偏高可略爲調降報名費或放寬一些費用項目（如印刷）。

二、經費管理

預算編列通過之後，便是如何去管理大會的收入及支出，財務人員須建立一些流程及報表，以便於專款專用，妥善管理大會的經費。

(一) 建立會計報表

當預算被核准後，財務組相關人員要開始準備製作會計報表並建立籌備委員會會計流程，定期將財務報表交財務組負責人及秘書長審核簽章後，於籌備會議中提出報告。

財務記錄和報表不僅提供數目，它也提供你瞭解財務結構是強還是弱，一般使用兩種不同的分析方式：Spread Sheet和資產負債表。

◆Spread Sheet

以月爲基準製作Spread Sheet，可幫助我們控制確實收入和支出，將總預算分攤於每個月，什麼時候預計會收入，什麼時候要支出。Spread Sheet 的計算提供了兩項重要訊息：一爲顯示預期收入和支出；另一爲顯示每個月現金流動情形。

◆資產負債表

資產負債表是對會議財務的分析，如資產、負債和淨値（如表5-3）。

表5-3　會議資產負債表

案例三：資產負債表
2004年7月31日

資產部分	
活儲（存在銀行）	$1,000,000.-
定存：6個月期	$800,000.-
預付費用	$150,000.-
零用金	$5,000.-
應收帳款	$50,000.-
總計資金：	$2,005,000.-
負債部分	
應付帳款	$800,500.-
總計負債：	$800,500.-
收入超過支出	$1,204,500.-

假設會議在2004年7月31日舉行，在資產負債表中顯示了一個問題：在活儲中的一百萬，會議還有一段時間才召開，而且付款多半在後期，故顯示財務管理需要調整，應將小部分現金放在活儲中，而將大部分錢存在定存中生利息。

(二) 輔助的附表

除了資產負債表外還有一些輔助附表很有用，例如收入支出摘要表，或者特別分析某些費用，如人事費用和電話費等以控制成本。

(三) 成本和利潤控制

財務組要每個月查核收入和支出明細表，核查每一項目，如果與預算有出入時要提報出來，如果收入部分比原來估算得低，要分析原因：報名費收入比預期少是否表示參加的人不踴躍，或者是宣傳資料寄得比較晚？攤位收入比預估低，是因爲宣傳做得不成功，或者是參展廠商付款較晚？如果發生以上問題，報告籌備會，由籌備委員來決定應如何因應。

(四) 管理資金

在大型會議，報名費（包括現場報名）及攤位租金或贊助款，最好在會議舉行地的銀行開設一個戶頭，在大會結束時所有現金可以轉到你自己的銀行。匯票也同樣可以轉，有些託收需要三十天。如果現場報名金額不大，就將所有現金支付會議現場零星費用或臨時工作人員薪資，這樣比較安全。

如果人力仲介公司人員協助報到，現場報名時最好確定他們操守沒有問題。確定清楚的程序讓報到人員遵行，負責收付款的人給他們一份記帳表，項目內容如下：

1.收帳金額。

2.現金或信用卡支付。

3.收款項目要分清楚（報名費、晚宴、酒會、眷屬、節目等）。

4.票號（出售票的號碼）。

5.註明任何折扣。

6.免費名牌發出（記錄下來）。

在現場要嚴格控制收入和支出，因爲最多的錯誤都在現場發生。

(五) 國外報名費收入

爲了減少外匯匯率損失，所有國外報名費以美金爲主，如果國外參加的人很多的話，可能會支付一筆金額不小的手續費，因此要多加考慮。

如果收到國外匯票，要先送到銀行去託收，因此眞正收到錢的日子是經託收後匯入帳戶才算，外匯託收可能會影響你的流動現金，而銀行收取的服務費則又減少了收入。

(六) 審核發票

會議中心、飯店、相關供應商等，會在大會結束時將發票開立出來，審核每筆金額是否與合約中的相符合，或者在現場有任何更改，如此可避免錯誤。

(七) 遵守政府的要求

對非營利組織，由財政部發給一份免稅證明，因此會議收入免繳所得稅。

(八) 財務分析

最有效的財務控制方法是將實際收入和支出與預算收入和支出相比較，在會議結束後將所有財務記錄作分析與比較。

有一種方式是利用「比率」比較，現在的和過去的或者其他會議籌辦人的經驗相比，例如：報名費在總收入中占多少比率，同樣的也可以應用在其他項目；費用方面也可以按比率，現在與過去比較，哪些地方出現了重大改變？經由這樣的分析，對今後的會議安排將可產生很大的影響。

會議前的作業安排（I）

會議前所需安排的相關項目很多，也很繁瑣，最好尋求有經驗的會議籌辦人來協助策劃，其中包括場地、印刷、行銷等，看似簡單，也許有的主辦單位認為交給秘書去處理就行了，卻不知道在這些繁瑣而環環相扣的作業安排之下，沒有專業經驗的人處理起來，可是危機四伏的，例如場地的選擇，太大或太小都很麻煩，如何評估？印刷品數量如何控制？如何得知應印製的數量？怎樣宣傳最有效？本章節即將針對這些作業安排內容詳細說明。

 第一節　場地的選擇

會議的成敗，場地的選擇相當重要，應如何選擇適當的會議場地，以下六個基本步驟都需考慮進去：(1)確定會議目的；(2)確定會議型態；(3)決定實質上的需求；(4)考慮與會者的期望；(5)選擇何種會議地點與設備；(6)評估選擇之正確性。

針對這六個步驟，茲將有關內容說明如下：

一、確定會議目的

大部分會議的目的是教育、學術交流、商業討論、專業提升或社交聯誼等多重目的；少數活動是單一目的。例如一般社團年會多半集合教育、學術交流、商業及休閒活動；而一般企業界會議的特色是激勵性的研討會結合休閒活動（如高爾夫球賽等）。每一種會議有其特定理由、目的與期望，因此在考慮場地前要先瞭解清楚。

二、確定會議型態

會議的型態決定正確的安排，例如簡短的商務會議，議程安排爲公司特定短期目標、激勵討論的議題，這種會議可選用一般商務飯店。如果是一種非正式討論和輕鬆的會議型態，則可選用休閒度假飯店。在決定場地前首先要考慮一個重要的問題：什麼是你在這次會議中預期完成的結果？

以下是一天會議的基本型態：

09:00～10:00	進行會議
10:00～10:30	茶點時間
10:30～12:00	進行會議
12:00～13:30	午餐時間
13:45～15:00	進行會議
15:00～15:30	茶點時間
15:30～17:00	進行會議
17:00	會議結束

有時，會議安排會有不同主題單元同時進行，而且還要預留設立報到區、展覽區、臨時辦公室的時間。

較大型會議的型態，例如一個四天的會議，通常需要會前一天的進場布置及會後一天的拆場。其細節安排請參考**表6-1**。

三、決定實質上的需求

最直接影響場地選擇的因素就是會議實質上的需求，但是這些需求又根據你的會議型態來決定，也就是不同會議有不同的需求。

(一) 會議日期

1.這個會議是否限定在某一特定日期或時間舉行？

2.選擇會議日期時，是否要避免特定假日？

3.避免與同類型會議衝突。

(二) 與會人員

1.以往會議形式。

表6-1　會議內容安排範例

日期	時段	內容
會前一天	上午	·辦公室與記者室設置 ·報到區與展覽區設置
	下午	·布置會議室
第一天	上午	·理監事會議 ·報到區、辦公室與記者室開始使用 ·會議室及展覽區繼續布置中
	下午	·會前研討會 ·旅遊觀光
	晚上	·開幕酒會
第二天至第四天	上午	·籌備會人員早餐會 ·大會開幕 ·專題演講 ·展覽開放 ·報到區、辦公室與記者室開放
	下午	·五個同時進行之分組研討 ·展覽開放 ·報到區、辦公室與記者室開放 ·（第四天）閉幕典禮
	晚上	·（第三天）大會晚宴
第五天	上午	·展覽拆場 ·報到區、辦公室與記者室撤場

2.以往與會人數參考。

3.與會人員對會議的期望是什麼？

(三) 住宿

1.平均每天需要多少房間數？

2.工作人員、演講人、參展人員等可能需要多少房間數？

3.單人房與雙人房的比例如何？

4.是否需要大型套房作爲聯誼之用或貴賓住宿？多少間及套房

大小？

5.有訂房但沒來的比例如何？

6.平均房價如何？最高多少？最低多少？

7.房價對參加團體是否很重要？是否需要較廉價的房間？多少間？

(四) 會場大小

1.需要多少間會議室？有多少場會議要同時進行？

2.是否需要籌備會會議場地？

3.每場研討會預計人數？

4.會場座位安排方式（戲院型、教室型）？

5.會議室附近是否有空間作爲咖啡點心場地？

(五) 餐飲

1.有多少次餐會將舉行？何時？

2.每次餐會預估人數多少？

3.以往餐會人數爲多少？

4.餐會型態爲何（中餐、西餐、酒會、自助餐）？

(六) 展覽

1.會議場地與展覽場地是否連接？

2.預計規劃幾個攤位？需要多大場地？

3.需要多少時間設置攤位及拆除？

(七) 報到

1.需要多大空間？
2.是否需要其他附加服務？例如：旅遊服務、當地資料提供、出售大會紀念品等。
3.是否需要空間放置資料袋？

(八) 其餘所需空間

1.會議指揮總部或記者室，每間需多大空間？
2.視聽設備廠商是否需要一間房間放置器材？
3.演講者是否需要一間試片室準備演講資料？
4.是否需要準備一間休息室給展覽人員或與會代表？
5.是否需要準備一間貴賓室接待與會貴賓？
6.展覽組是否需要一個房間提供服務？

(九) 其他應注意事項

1.每一間房間都要確定使用時間。
2.需要多少時間事先準備與布置？
3.是否同一房間可做不同用途使用？
4.需多少時間進場與拆場？

(十) 後勤支援考慮

1.與會者是否有特別需求？如殘障人士是否需要特殊設計的住宿安排，方便進入會場、展覽區、交通接送點。
2.在旅遊方面是否需要安排參觀當地相關設備，如大學、醫院

或工廠？

3.是否需要在會前、會中或會後安排相關或附屬團體聚會？

4.一旦所有事都決定後，仍需經常檢查和注意外在因素，這些因素都會對會議產生至大影響。

四、考慮與會者的期望

哪種環境會使與會者感到舒適？豪華寬敞的休息區或小巧精緻的歐洲式設備？飯店的咖啡廳是否能滿足他們的需要？餐廳的菜色是否符合他們的期望？

對於場地評估應考慮下列項目：

1.與會者的年齡會影響他們對場地的期望。

2.與會者是否會攜帶他們的眷屬？

3.是否需要對眷屬安排節目？

4.當地觀光點與藝文活動對與會者有多重要？

5.高爾夫球、網球等活動是否能提供與會者需要？

6.附近是否有購物中心或餐廳？

7.其他可能要考慮的包括國外與會者的人數，他們可能需要特別服務或參觀非活動安排的地方。因此會議地點附近的環境成爲有效吸引與會者參加的重要因素，如果他們對其地點有興趣就能增加報名率。

五、選擇何種會議地點與設備

一般來說，會議的型態與性質往往會引導你尋找什麼樣的會議地點，政治和經濟因素或者組織的政策也是影響你尋找的考量。

(一) 場地選擇考量的因素

1. 有些組織選擇會議地點需要會員競標或者先提出贊助條件，作爲組織選擇會議地點的考量。
2. 有些組織對於會議地點採用輪流方式，如果輪流的方式太固定也會使會議型態變得很死板。
3. 最重要的考量是大部分可能參加人員的地區，和他們是否會繼續支持這個會議。
4. 同時也要考慮旅行是否便利，費用也會影響參加人數。考量有可能參加的與會者的交通問題，包括飛機、汽車、公車或火車，調查主要飛機航線是否便利、班機情況，還有轉機情況。如果大部分與會者以汽車爲主，考量高速公路的車況情形、停車設備、是否有代客停車服務。

一旦以上情形都考量後，再決定什麼設備最能符合會議的目標和需要，任何一個會議場地都有其優缺點。

(二) 會議場地介紹

會議所使用的場地通常不是飯店就是會議中心，因爲這些地方的軟硬體設施大都已規劃好爲開會使用，所以一般的會議喜歡選擇這種較便利的場所。（如圖6-1）

◆大都會飯店

大都會區通常都提供高級飯店、會議場地與宴會場地，設備的提供與服務也容易。博物館、戲院和藝廊提供與會者藝文活動，

圖6-1　飯店會議場地

各種餐廳提供美食與品嘗，讓喜歡購物、逛街的人有地方可去，計程車與公車也很便捷。大都會有太多吸引人的地方會影響會議場地的選擇。然而交通也是一個問題，大都會中停車場有限而且費用很高，有些大都會區市中心已惡化，因此很多活動已移向郊區，且夜間是否安全也是要考量的因素。

◆市郊的飯店

很多市郊新興的豪華飯店，別緻的精品店和流行的餐廳相繼出現，通常那裡交通流量低，停車多半免費，運動和休閒設備也相距不遠。但是市郊飯店選擇較少，展覽空間有限，有時各地市郊太類似，不像大都會區那麼有特色，而且周邊專業之配合較不方便。

◆機場飯店

機場飯店可提供短期研討會或公司董事會場地，最適合半天、一天的會議。但附近的餐廳可能較少，且靠近機場，易受飛機起降聲干擾。如果是較長時間的會議，會使與會者侷限於這個範圍，機場飯店最大的好處是許多與會者可以在一天之內飛進飛出，節省許多寶貴的時間。

◆休閒飯店

休閒飯店提供了一個輕鬆的環境，讓與會者卸除了每天累積的壓力。有些休閒飯店非常優雅，也有一些具有田園風味。因此到機場的距離是考量的因素，接送也許較花費時間；除非就近可以提供，否則設備、器材與服務也要考慮在內。

飯店淡季的價格可以節省與會者或贊助者的費用，如果選擇休閒飯店作爲會議場地，最好不要將節目排得太滿，綁住了與會者的時間，應該要提供與會者一些自由時間，讓他們享受一下。

◆會議中心（conference center，由私人經營）

此類會議中心和飯店（特別是休閒飯店）的差異經常是很模糊的。一般來說，會議中心是特別爲會議而建造的，會議空間高於住宿房間。價錢也是比較因素之一。

會議中心提供專門地方給予籌組會議人員使用，過長的會議或臨時的夜間會議也沒有問題。由於是專門會議場地，所以不必擔心隔壁吵雜的活動會干擾會議的進行。

會議所需要的家具、器材，會議中心都可以提供，器材經常包括視聽設備與全天候技術人員。而且部分會議中心還提供多樣休閒設備。有些會議中心經營失敗的原因是對顧客的服務不夠專業及全面性。在國外很多知名大學都有自己的會議中心供會議使用。

◆會議中心（convention center，由政府經營）

大部分此類會議中心的設計是提供多功能、多樣會議形式使用的，可以容納很多人的大型會場、展覽和活動，這是飯店和conference center無法提供的。而且會議室有多種選擇，一個到多個展覽場地特別爲大型重要展覽設計的。

通常沒有住宿，但是有些會議中心與飯店鄰接，也有一些是會議中心與飯店間有車輛接駁。會議中心無法像飯店一樣提供多樣的餐飲，但是會議中心與餐飲公司或飯店有合約，可以提供活動時的餐飲。極少的會議中心有自己的餐廳、雞尾酒吧、藥局和禮品店。（如圖6-2）

◆大學（College and University）

由於大專院校主要致力於教育及研究，因此應該是一個適合開會用的場地，但大部分大學的會議廳並非設計用於主要的國際會議，該場地的人員也無法像一般會議中心的正式工作人員那樣專職且專業，因此負責籌備的人需要事先瞭解狀況並增加一些後勤的行政支援。但是如果會議經費有限且規模不是很大的國際會議，也是可以考慮使用大學的會議廳。目前國內像台大醫學院就擁有相當不錯的會議廳與先進的視聽設備，只是這類的會議場地，較無法提供國際會議所需的餐飲，因此可能需要另作安排。

六、評估選擇之正確性

大部分會議地點都有會議局或觀光旅遊局協助會議籌辦人獲得會議場地的資料，這些資料內容包括場地與設備明細、會議場地

台北國際會議中心宴會場地

台北國際會議中心大會堂（可容納三千多人）

圖6-2　由政府經營的會議中心

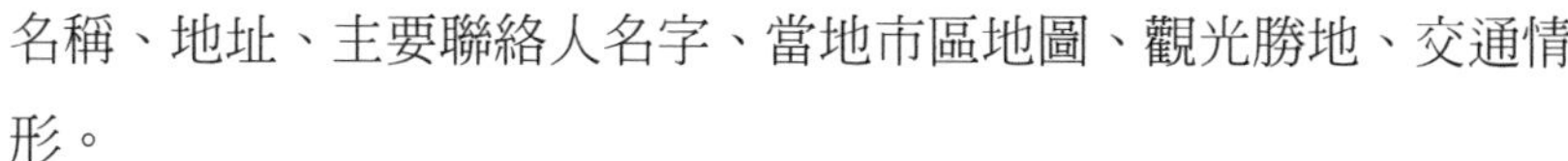

名稱、地址、主要聯絡人名字、當地市區地圖、觀光勝地、交通情形。

除了會議局外，還有其他資料來源，例如：貿易刊物、網路、不同性質的行銷代表公司和連鎖飯店。

初步與會議場地人員接觸是交換資訊，會議籌辦人提供大會的性質與需求，會議場地人員會提供一份企劃書連同詳細資料給會議籌辦人參考。

(一) 空間估計

不同的使用者對場地的需求也不同，有關會議場地之公共區域的使用和任何有特色的地方，都要一併考量進去。

通常會議場地人員會提供一份場地平面圖與設備的小手冊。計算場地大小時要注意，如果視聽器材需要在會議中使用，就要預留空間，如放置投影機或幻燈機的地方、銀幕與主桌等。會議室後面如要安置咖啡點心，也會使座位減少。

◆空間估計考量重點

1.劇院型的座位安排如不使用視聽器材，每人至少需要面積七平方英尺（square feet），這樣坐有一點擠，最理想是每人八平方英尺。

2.劇院型的座位安排加上視聽器材和舞台，每人十平方英尺，同時包括走道區。

3.採用多媒體或專業簡報需要更大的空間。

4.教室型的座位安排就是每人有桌子可以寫字，要考慮座位與桌子間的距離，如果是一整天的研討會，每人至少一英尺半到二英尺的空間，如果空間許可最好能有三英尺的空間。

5.通常一天的研討會有一些講義或筆記本，在會議室的入口處安置一張桌子，另外問卷調查表和回收箱也經常需要，茶水也通常放置在會議室後面或外面。

◆餐會（晚宴）空間考量

1.要考慮是否有八人或十人的餐桌（圓桌），如果沒有主桌（head table）或舞池（dance floor），每人通常使用面積爲十平方英尺或者一桌約一百英尺，這也不是絕對的，還要視場地是否有柱子或者在餐會中是否採用特殊設備。

2.使用視聽設備會占據空間，有些器材需要大型圓桌。如果是採用站立式的酒會，每人約需五至十平方英尺，面積如越大，每人活動的空間較大較舒服。

3.吧台與調酒師多半在入口處，視情況而定，有些爲cash bar，你就要安置一個地方收錢，預留較大空間放置食物。

(二) 實地視察現場

或許在決定場地前親臨視察會議現場並不經濟，有時也不可能，但是親臨現場能實際瞭解場地是否合適、場地的狀況如何，以及對會場工作人員專業與服務態度作全盤瞭解。

(三) 選擇會議場地的工作清單

先列好工作清單（check list），知道你在選擇場地時需要注意哪些事項，如此更能幫助你正確選擇適當的開會場地。

◆地區

1.費用（成本）與便利性。

2.是否鄰近機場。

3.轎車或計程車是否足夠。

4.充足的停車空間。

5.如果需要，接送交通工具是否充足，費用情況爲何？

◆環境

1.當地有何觀光點。

2.購物。

3.休閒活動。

4.天候狀況。

5.環境是否良好。

6.餐廳。

7.當地治安是否良好。

8.社區經濟狀況。

9.當地給予外界的評價、過去會議舉行情況。

10.當地會議局或觀光旅遊局支持與服務情況。

11.會議周邊供應廠商的經驗、設備是否足夠，如視聽器材公司、展覽公司、事務機器公司與安全方面。

◆設備

1.警衛人員與服務人員是否友善、做事效率如何。

2.大廳（lobby）是否整潔、吸引人。

3.報到處是否容易找到：

(1) 是否有足夠的房間供工作人員使用。

(2) 是否足以處理check-in/check-out的顛峰時段。

(3) 接待處的人力是否足夠。

4.當人數眾多時是否有足夠的電梯設備。

5.詢問處是否全天候有人值班。

6.立即回覆有關電話詢問，儘速轉送留言。

7.對客人的服務：

(1) 藥局。

(2) 禮品店。

(3) 櫃檯服務。

(4) 保險箱。

8.舒適、整潔的飯店住房：

(1) 家具是否完好。

(2) 現代化衛浴設備。

(3) 充足光線。

(4) 足夠的衣櫥空間與衣架。

(5) 煙霧警示器。

(6) 火災逃生資料是否清楚。

(7) 冰箱和小酒吧。

(8) 走道是否整潔，包括清潔人員是否儘速清理走道、菸灰。

(9) 是否在每層樓有冰塊和飲料。

(10) 電梯服務。

(11) 標準房與豪華房的大小。

(12) 是否有特別樓層提供特殊服務。

(13) 豪華套房的數量與形式，客廳、臥室尺寸和睡床類型的簡介。

(14) 訂房的程序和方法。

(15) 房間類別，例如：高樓層或低樓層、面海景或面山景。

(16) 每一種類別的房間數。

(17) 有多少房間數可以使用，如果需要，對早來晚走的與會者如何處理。

(18) 會議房價與一般房價如何。

(19) 何時能提供確定的會議房價。

(20) 是否需要保證數量與訂金。

(21) 進房與退房的時間。

(22) 什麼時間取消已預訂的房間。

(23) 付款方式。

(24) 接受哪幾種信用卡。

(25) 萬一取消訂房，退款方式為何。

◆會場空間（meeting space）

1.會議室尺寸（面積）。

2.當會議室作不同座位安排時，其容量為何。

3.會議室隔音設備是否良好。

4.電源開關、冷暖氣控制是否單獨分開。

5.會議室的音響效果，是否有良好的音響系統。

6.固定設備，如黑板、銀幕和家具。

7.障礙物，如圓柱。

8.視聽設備：

(1) 視聽效果如何、後座的人是否可以看到銀幕。

(2) 會議室天花板高度。

(3) 是否有裝飾燈架。

(4) 裝飾的鏡子是否會反光。

(5) 是否有窗簾遮住窗戶光線。

(6) 電源控制位置。

9.火災逃生口。

10.公共區域是否整潔。

11.相同性質的會議室是否在同一層樓或分在不同樓層舉行。

12.房間和公用電話是否很方便。

13.洗手間數量、位置、是否乾淨。

14.衣帽間數量、位置。

15.其他服務：

(1) 有足夠的空間放置家具和器材。

(2) 光線良好。

(3) 很容易讓與會者找到。

(4) 足夠的電源插座。

(5) 安全性。

16.設備：

(1) 桌子：

・六英尺長／八英尺長。

・一般教室桌寬十五至十八英寸。

(2) 椅子：舒適並適合較長時間會議使用。

(3) 舞台：

・不同高度的舞台。

・有地毯和鋪裙邊的舞台。

(4) 講台：

・站立式講台。

・有燈光的講台。

(5) 黑板和布告欄。

(6) 指示架。

(7) 廢紙簍與垃圾桶。

(8) 照明燈與輔助燈設備。

(9) 燈光控制盤。

(10) 報到台。

(11) 麥克風。

◆餐飲服務（food & beverage service）

1.公共區：

(1) 清潔與外觀。

(2) 備菜區是否乾淨。

(3) 在最忙時段是否有足夠的人力。

(4) 工作人員的態度。

(5) 有效、快速的服務。

(6) 各式菜單。

(7) 價格範圍。

(8) 預訂的方式（reservation policy）。

(9) 是否可能增加食物放置區域（如走廊）作爲早餐或簡單午餐的場地。

2.大型活動：

(1) 費用（成本）。

(2) 創意性。

(3) 品質與服務。

(4) 多樣菜單。

(5) 稅和小費。

(6) 在活動前要求漲價。

(7) 特別服務。

(8) 特製菜單。

(9) 提供主題宴會（theme party）的建議。

(10) 獨特的茶點。

(11) 素食和節食者的食物。

(12) 餐桌布置。

(13) 舞池。

(14) 宴會桌的尺寸。

(15) 八人座／十人座。

3.酒的規定：禁止服務時段。

4.現金交易酒吧規定：

(1) 調酒師費用和最低計費小時。

(2) 出納人員費用。

(3) 點心價格。

(4) 保證數量規定。

(5) 何時需要提供保證數量。

(6) 準備的分量超過保證，數量的最大極限。

◆展覽空間

1.有多少卸貨點，距離展覽區多遠。

2.是否有貨運接收區。

3.設備：排水系統、電力、瓦斯、電話插座。

4.最大地面承載量。

5.警衛區。

6.防火逃生口。

7.展覽與餐飲、洗手間、電話的距離。

8.是否有充分時間進／出場。

9.是否需要特別裝潢來增加場地外觀。

10.燈光是否需要補強。

11.展覽場地是否接近會場。

12.救護站是否靠近。

13.是否可提供展覽廠商一間臨時辦公室。

14.存放打包箱的地區和方式。

(四) 確定場地

一旦會場設施、設備及環境符合你的需要，會場人員會提供一份同意書（agreement）註明你希望的場地與日期，議價和費用多少隨後再論。會議籌辦人要評估場地是否符合需要，會議場地的選擇非常重要，它是決定會議成功的第一步。

第二節　會議行銷

即使會議內容非常豐富，但要如何讓不知道的人也能知道？甚至於有興趣參加，市場的競爭很大，要如何增加與會人數，要採用哪一種行銷方式是很重要的，如果你傳遞的訊息不夠清楚，只會浪費時間和金錢。

因此要清楚確定會議的目的是什麼：是希望別人來參加、教育大衆、特定領域的研究發表、介紹服務，或是增加曝光率，有以下幾種方式：

1. 宣傳：將相關活動（會議）訊息傳送給大衆。
2. 推廣：這是一種策略，用以增加報名人數。
3. 公關：經由公關對外加強節目內容和對主辦單位的印象。

在運用以上方式之前，還必須先確定行銷對象，可以參考上一屆主辦國家的與會者名單，也要去發掘潛在參加者。再來則需要足夠預算去進行市場行銷，可以透過贊助方式，任何會議相關事項或產品都可以尋求贊助，例如：印刷設計、網站廣告、餐飲酒會、布置等。

一、如何宣傳

這是一個行銷的時代，如何透過各種有效的管道將活動訊息傳達出去給正確的目標對象，將會是決定會議成功與否的重要因素。

(一) 宣傳品

利用印製宣傳小冊或是郵寄會議通告、海報，這是讀者第一個印象，因此相當重要。宣傳品的設計要能吸引人，會議主題要夠響亮，最好還要有夠知名度的演講人。

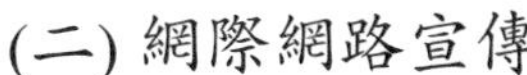

(二) 網際網路宣傳

網際網絡的發展，全然改變了現代人的生活方式，在先進與開發中的國家，上網已經相當普及，很多城市都努力打造成爲網絡城市。電腦已經成爲每一個企業甚至於家庭必備的工具，在網絡中完成交易、查詢資料已是相當普遍，因此，國際會議與活動更是需要運用網際網絡，使其資訊的傳遞更快速與節省成本。

利用網際網絡的普遍性，設計一個會議網頁（home page），將大會內容及議程刊登上去，並隨時將最新的活動內容放上去，尤其強調重要的演講人及講題，可作詳細的專題報導，藉以吸引相關人士報名參加，最好將報名表、訂房表也放置於網頁中。當然還要放上大會的連絡E-mail，讓有意願報名的人，可隨時向大會連絡人詢問相關問題。

(三) e化宣傳作業

在會議的網頁中放上大會最重要的宣傳資料——大會通知（announcement），同時附上報名表及訂房表，學術性的會議甚至會徵求論文發表，因此還可附上論文摘要表，讓有興趣參加的人可以很方便投稿、報名及訂房。網際網路的發展確實讓會議的宣傳及行政作業有了革命性的改變，針對e化的大會通知、報名表、訂房表及投稿說明如下：

◆大會通知（conference announcement）

一個重要的國際會議至少有三次大會通知，如第一次大會通知（first announcement）、第二次大會通知（second announcement）與第三次大會通知（final announcement），以往都是將大會通知的內容以文字與圖片的方式設計好，再由印刷公司負責排版、打樣與印刷的過程，印好的大會通知再以郵寄方式寄發，而e化的大會通知，同樣是將內容以文字與圖片的方式設計，將它直接放置在網頁上，網頁中的大會通知除了文字與圖片外，還可以利用動畫與視覺方式，更能吸引與會者參加的意願。

基本上第一次大會通知的內容較為簡單，大致是會議名稱、會議的主題（甚至有些會議還會訂一個Slogan）、日期、地點、簡單旅遊資訊等。通常在會議舉行的前一年寄發或完成大會的Website，寄發時間或完成大會的Website早晚是根據會議的規模大小而定，其目的是希望有意參加會議的與會者能提前預留時間。

第二次大會通知通常在會議舉行前的六至八個月寄發或完成大會Website的內容，第二次大會通知的內容一定要比較詳盡，內容包括會議的場地（會議中心或飯店）、會議的流程（meeting program）、重要演講者（keynote speakers）、是否提交學術報告、學術報告摘要（abstract）的範圍與提交截止日、摘要的格式、會前或會後旅遊資料、住宿資料與報名表（registration form）等。最好附上重要人士的歡迎詞，熱情邀請與會，例如主辦城市的市長。

第三次大會通知通常在會議舉行前的一個月寄發或完成大會Website的內容，此時會議中的講師（speakers）都已確定，講師的題目與時間的分配也都確定，有些籌備單位會提供國外與會者相關機場接送或者自行搭乘到飯店，以及報到的相關訊息都會在通知中註明。e化的大會通知使與會者在網站立即可以取得訊息，同時有最新的資訊也可立即提供在網站上供查詢。

網站另一個最大的效益是，當有贊助廠商時，可以立即將贊助

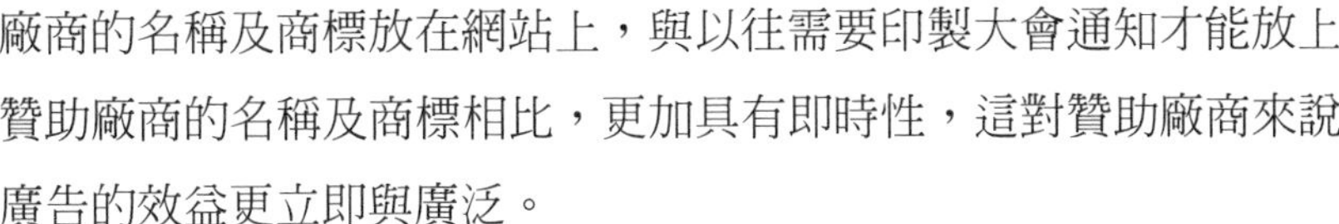

廠商的名稱及商標放在網站上，與以往需要印製大會通知才能放上贊助廠商的名稱及商標相比，更加具有即時性，這對贊助廠商來說廣告的效益更立即與廣泛。

◆大會報名表（registration form）

以往當我們收到大會通知後，如果對於大會內容有興趣、會議的時間也合適、報名費也合理，通常會考慮報名參加這次會議，報名表的內容除了大會名稱、會議日期外，主要是取得與會者（participant）的資料，大致內容如下：與會者的姓名，通常會將姓（last name）和名字（first name）分開，網上報名的好處是與會者自己在網上電子報名表中打上自己的資料，這樣可以避免以往手寫的報名表，無論是將原始報名表寄到秘書處還是傳眞過來，經常會因為手寫潦草的字跡而不易辨認，而網上電子報名就不會發生這種錯誤。網上電子報名表應包含的內容如下：

1.姓名。
2.機構。
3.職位。
4.機構地址。
5.聯絡電話與手機。
6.傳眞。
7.E-mail address。
8.信用卡種類。
9.信用卡號。
10.信用卡有效期間。
11.持卡人姓名。

12.持卡人簽字欄。

只要將上述個人資料填寫完成後，在網站之電子報名表的下方會有一欄「提交Submit」，當你按下提交後，表示你的報名程序已完成，有些設計會立即回覆「報名表已送出的字樣」。當秘書處的工作人員收到報名表後就可以立即著手整理，首先將與會人員的資料轉入報名名單之中，以便日後的聯繫，另外將信用卡的資料交由財務組，由他們負責與信用卡中心辦理收款事宜。

有些報名表的內容比較多，甚至於會將旅遊的內容與收費也一併放在報名表中，國際會議除了專業知識的交流外，休閒旅遊也是促使其參加的理由之一，因此通常都會有會前或會後旅遊（Pre & Post Conference Tour）的安排，如果沒有會前及會後旅遊，至少也應該有一項。旅遊的設計通常交由旅行社來辦理，因此大會籌備處一定要慎選旅行社，以免造成旅行時的糾紛。旅遊的報價是根據天數、遠近與交通工具等來決定，旅行社通常應回饋給大會籌備處約10%左右的佣金。

現在有越來越多的人因爲健康的因素而改吃素食，也有人是因爲宗教信仰對於飲食上有各種不同的要求，因此會出現佛教餐、印度教餐、猶太教餐、回教餐等，爲了方便事先作業，因此在餐飲的需求上也在報名表上列出，與會者在塡寫報名表的時候一併註明，可事先作業，避免在現場提出要求而來不及準備的情況發生。e化的報名方式對會議籌備者來說是革命性的進步，不但減少錯誤，同時節省時間，而且減少印刷及郵寄成本。但是到目前爲止，還沒有完全不使用印刷品的報名表，因爲仍然要考慮到一些年齡較長的與會者，他們比較不習慣網上作業，但是隨著時間的演變，e化必然

是時代的趨勢。

◆飯店住宿（hotel accommodation）

飯店住宿的安排對國際會議來說非常重要，大型國際會議人數可能高達上千人，而且為了符合各種需求，飯店的房價必須分成不同等級與價位，同時，使用的飯店可能好幾家。在國外大型的國際會議通常都透過當地的Housing Bureau負責飯店住宿事宜，他們是一個專業機構，並擁有一群有經驗的工作人員負責飯店住宿安排，這個機構通常在會議局（Convention Bureau）之下，屬於半官方性質。國內至今尚未有此類機構，因此飯店住宿安排依然屬於大會籌備處或會議顧問公司的工作。飯店業擁有自己一套相當專業的作業系統，因此有些大會籌備處或會議顧問公司與飯店直接配合，只要收到飯店住宿申請表，無論是網站或是傳真收到的申請表，都直接轉交飯店，再由飯店與參加的與會者確認與收費，通常為了確保飯店的訂房，飯店會先收取與會者一晚的房價（charge one night deposit）。

e化的飯店住宿登記同樣在作業上節省時間與人力，特別是避免工作人員在登記時發生的錯誤，通常大會籌備處或會議顧問公司收到住宿申請表的時候，就會立即交由飯店訂房部門的人員，由飯店直接與參加會議的與會人確認或收取一晚訂金，飯店訂房部門必須隨時提供訂房紀錄給大會籌備處或會議顧問公司。參加國際會議人士，通常工作業務相當忙碌，因此經常會因為重要事情而必須更改出發或回程時間，他們只要直接與飯店聯繫就可以了。大會籌備處或會議顧問公司也可以要求飯店在提供訂房紀錄時註明更改內容。

國際會議是很多飯店重要的業務來源之一，一旦大會籌備處或會議顧問公司與飯店簽約後，飯店都會指派專案經理服務，任何相關事情都可以直接與其聯絡，國外有很多會議飯店（Convention Hotel），飯店設有會議部門（Convention Department）與會議經理，專門提供會議的各項服務。

◆投稿與審稿

學術性的國際會議，目的是藉由會議的平台吸收最新的專業知識與相互交流，因此大會主辦單位都會設置學術組（scientific committee），負責安排邀請講師與徵稿事宜。學術組會先設定學術主題，並將投稿的截止時間、審稿時間與確定接受邀稿時間在會前訂定，在第二次大會通知中一併註明。

與會者如果在這方面有特殊研究或最新的發現，就可以投稿，再由學術組的專家經過審稿程序，投稿者必須在截止時間內提出。第二次大會通知中，無論是網上或者印刷品都應該有投稿的固定格式、字型與字數，投稿者必須依照規定。由於網際網路的發達，e化的投稿作業減少了很多錯誤且節省了很多時間，以往投稿者將投稿文章傳真過來，再將原稿郵寄過來，經常會因爲時間不及與郵件遺失，必須重新打字，造成錯誤。現在只要直接在網上download下來即可，避免錯誤。

一旦投稿被接受時，學術組會排定發表日期、時間並通知投稿者，有時因爲投稿者人數較多，無法安排所有投稿者發表，因此會以海報（poster）方式呈現，海報的文章可由大會統一製作，或者告知固定尺寸、紙張，由發表人自行製作，帶到會場懸掛。主辦單位必須在會場醒目的位置設置海報發表區，以便與會者自行參觀。

二、如何推廣

擬定策略，訂定宣傳目標，將活動內容持續有效地推廣出去，讓需要知道的人看到會議內容並感到興趣，甚至影響其他人一起來參加，這樣推廣就成功了！

(一) 訂定推廣時間表

訂定住宿預約和報名截止日，要依據大會通知寄發時間而定；另外要考量是以平信還是限時郵寄，下列是會議宣傳（推廣）時間表：

1.十二至十五個月：此次會議是宣布下屆會議的日期和地點的最佳時間，印製下屆會議的日期和地點的海報及會議宣傳小冊在現場分發，在會議期間利用幻燈片介紹下屆會議的城市，並在大會手冊中有一頁全面介紹會議城市及地點和相關活動。

2.八至十個月：發出第一份新聞稿給相關組織與企業，告知大會的日期與地點；接下來是第二份新聞稿，有關最新研討會主題、演講人及其資歷，如果有展覽，說明參展內容，以及展覽主題。

3.六至八個月：在企業及相關組織的刊物中廣告；開始購買／蒐集郵寄名單。第一次寄發大會資料給有意參加的人，內容包括大會節目和報名方式。

4.四至六個月：第二次寄發大會資料或者簡短的reminder。

5.三個月：寄發最後的大會資料或reminder。

6.二至六週：如果以信件郵寄，約在二週時郵寄名牌和大會手冊；如果用大宗郵件，約在四週時郵寄名牌和大會手冊。在台灣大都是現場報到時給名牌和大會手冊。

以上時間表可依會議大小、型態調整推廣進度及內容。

(二) 控管時間表

1.在做計畫前先做好所有實質的安排。

2.儘早列出表格，萬一有錯也有足夠的時間修正。

3.儘早確定演講者資料，避免大會宣傳小冊中資料不全。

4.儘早分析與瞭解哪些公司、組織或個人可能有回音，你可以陸續寄資料給他們。

5.儘早和設計人員及印刷公司聯絡，以配合時間印製出來，再次提醒：印得很差的大會宣傳小冊很難引起人們的興趣。

6.確定一個時間表：什麼時間印刷公司送給你核稿，你要詳細核對並儘早送回。

7.多印製一些大會宣傳小冊，以便最後需要。

8.按時發布新聞稿，避免遺漏。

9.準時寄發會議相關資料。

10.儘快確認報名。

(三) 郵寄和廣告

大部分國家比較偏好利用郵件來促銷會議，因為它的效果比較明顯，一般來說，其他行銷不像郵寄那樣直接寄到人們手中，因此效果不明顯。特別在初期利用廣告（報紙、雜誌、電視和廣播）效果更不明顯，因此有關研討會和會議很少利用媒體廣告，這也並不

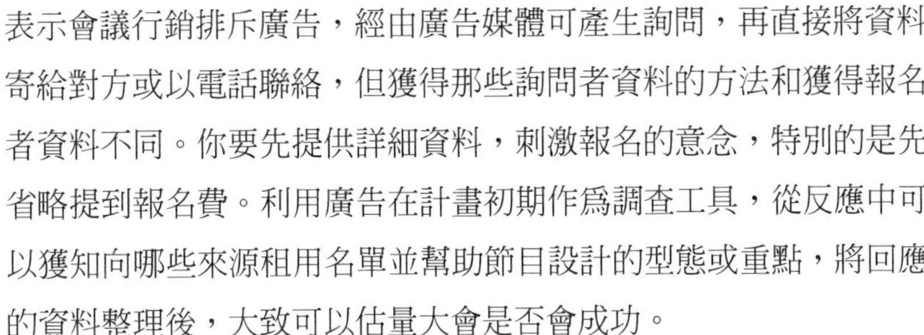

表示會議行銷排斥廣告，經由廣告媒體可產生詢問，再直接將資料寄給對方或以電話聯絡，但獲得那些詢問者資料的方法和獲得報名者資料不同。你要先提供詳細資料，刺激報名的意念，特別的是先省略提到報名費。利用廣告在計畫初期作爲調查工具，從反應中可以獲知向哪些來源租用名單並幫助節目設計的型態或重點，將回應的資料整理後，大致可以估量大會是否會成功。

(四) 蒐集郵寄名單

首先要考慮的是籌辦多少人的會議，然後再來選擇郵寄名單，要決定寄出多少份大會宣傳小冊，一般情形是非會員爲1%回收率（一百人報名，大約要預計一萬份小冊），郵寄名單可從資料庫、其他相關組織、協辦單位和企業界獲得。有些資料庫的郵寄名單利用科技方式分類（如年齡、地區、學歷、專長等），在報名表上利用分類或身分證字號，可以分析參加人的類別最有效。

(五) 郵費的考量

除非主辦單位是非營利機構，一般都採用大宗郵寄。雖然因成本考量，但是一般大宗郵件需要十天，有的甚至於三個星期，如果可能預先計畫郵寄日期，在星期一或星期五收到或者在假日前後收到比較不容易引起注意。

(六) e化的會議推廣

當然，現在已是資訊發達的新世紀，利用網際網路無遠弗屆的力量來推廣及宣傳會議，不僅是快速有效的趨勢，而且也很經濟實用呢！

三、公關宣傳

策劃一個成功會議的要素是確定對象和利用正確的媒體傳達，籌備會議開始的會議通知是給人的第一個印象。無論利用哪種方法，宣傳資料一定要內容豐富，有創意，足以引起興趣。擬定一份全套的行銷計畫，包括媒體、發布新聞稿，在組織和企業刊物中公告，海報、會訊和個別邀請，專注於某些特定目標，在大會結束後再核查統計數，與會者來源，評估最近幾年的成效和累積經驗有助於未來的計畫。

四、節省的行銷觀念

有效的運用行銷技巧不一定要花大錢，但仍然可以達到良好的效果。

1.將行銷範圍設在過去參加者、會訊訂戶和會員。
2.評估調查，在某些方面這是很重要的，但是卻很花費時間和金錢，有一種直接方式是將焦點放在某些與會者或直接以電話作調查。
3.大會宣傳小冊封面有兩種目的：引起注意和興趣，節目的主題和演講人知名度、講題亦可引起參加者的興趣。
4.大會宣傳小冊也可以被用於宣傳其他將舉行的教育課程。
5.在印製前先設計一個Logo或標誌。
6.Logo可在所有印製文具、新聞稿、大會宣傳小冊、大會手冊、資料袋、報名表上出現。而且可在大會海報、眉目板、指示牌、講台和布置時採用；其他還可以印在票券、名牌、

餐巾紙、紙杯和T-shirt上，以增加對大會的印象，並可作爲日後的紀念及回憶。

任何人都可以籌辦一場會議，但只是辦完一場會議是不夠的！現在籌辦會議除了要有計畫、有條理，更要有創意的行銷策略，方能引起注意，進而增加與會人數。

第三節　印刷設計與製作

舉行會議必須要印刷一些宣傳品及會議資料，用來告知會議的訊息，以及在會議期間提供與會者開會所需的相關資料之用，甚至也可以在會後留存建檔作爲參考。

一、印刷項目

1.會議前：

(1) 大會專用信封、信紙。

(2) 宣傳品：海報、會議通知、報名表。

2.會議期間：

(1) 大會節目手冊。

(2) 其他：名牌、與會證書、感謝狀、晚宴邀請卡、餐券。

(3) 論文摘要集、與會者名冊。

依照會議規模及大會預算，以上有些項目可調整增減，例如：如果沒有很多經費可以不用印製信封、信紙；但如果籌備時間很長而經費足夠的話，也有主辦單位印製第二次甚至第三次會議通知，用以提醒參加人員並加強宣傳。

二、會前使用之印刷品

會前的準備工作需要用到很多的印刷品，一來可以統一大會形象，二來可以同時開始作宣傳。

(一) 信封、信紙

先請一家合作良好的印刷設計公司設計符合大會主題的CIS（含大會Logo、字體、色系等），依照這個大會識別系統（CIS）去延伸設計其他相關印刷品，如此不但所有大會的印刷品有一致的整體感，甚至大會會場布置物，如指示海報、眉目板等也可使用這個CIS，加強與會人員印象。

接著，就可以設計大會信封及信紙，當然現在大多使用電腦發信或E-mail聯絡相關事宜，但是有些正式函件或報告仍然會使用大會信紙，而且寄發會議通知也必須使用信封。最好設計兩種尺寸的信封，可分別用來寄信件及會議通知之用。（如圖6-3）

(二) 宣傳品

需要印刷的宣傳品包括：

1.海報。

2.會議通知（宣傳小冊）。

圖6-3　會議專用的信封、信紙

三、印刷設計與製作

(一) 封面（海報、會議通知）

1.會議名稱、Logo。
2.日期和地點。
3.主辦單位：由誰主辦。
4.摘要：簡單介紹內容或主題。
5.大會標語。（如圖6-4）

(二) 內容（會議通知）

詳述會議內容，特別強調重要的演講人及講題，並對講員和講題詳細介紹，以鼓勵大家參加，主題要醒目，要讓讀者信服這個會議是有價值的，引起迴響，其大致內容如下：

1.時間、日期和地點。
2.會議名稱。
3.主辦單位及協辦單位，或指導單位。
4.大會籌備委員會名單及秘書處。（如圖6-5）
5.主題。
6.會議主人邀請函。
7.誰應該參加和爲什麼。
8.暫定會議日程表。
9.演講人名字、職稱。
10.會場簡介。

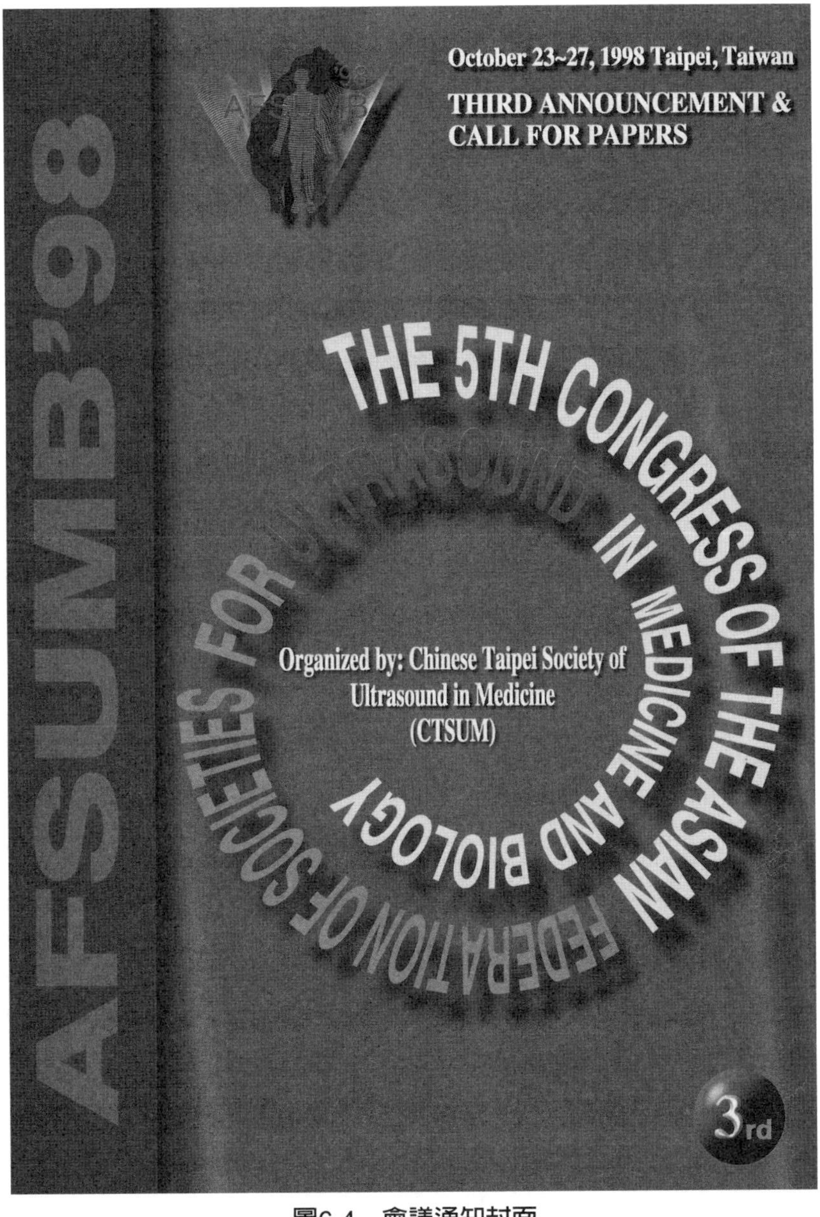

AFSUMB'98

October 23~27, 1998 Taipei, Taiwan

THIRD ANNOUNCEMENT & CALL FOR PAPERS

THE 5TH CONGRESS OF THE ASIAN FEDERATION OF SOCIETIES FOR ULTRASOUND IN MEDICINE AND BIOLOGY

Organized by: Chinese Taipei Society of Ultrasound in Medicine (CTSUM)

3rd

圖6-4　會議通知封面

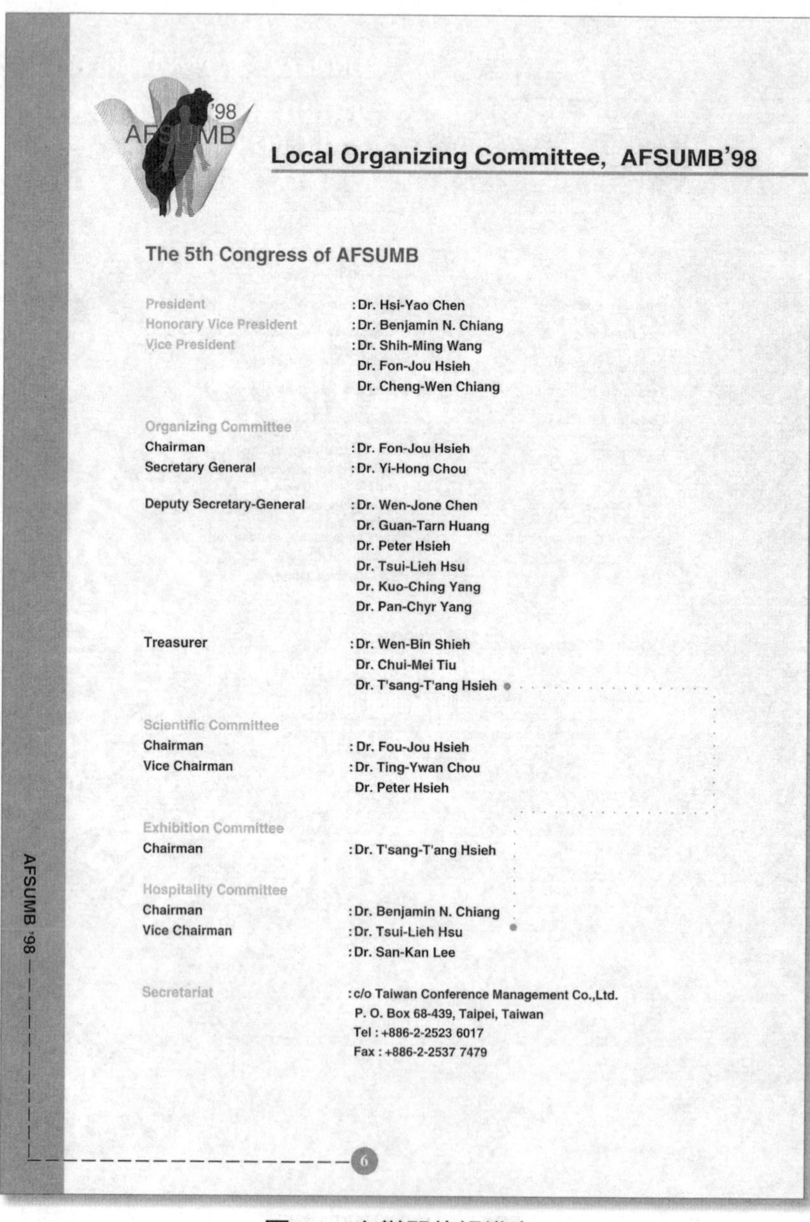
AFSUMB '98

Local Organizing Committee, AFSUMB'98

The 5th Congress of AFSUMB

President : Dr. Hsi-Yao Chen
Honorary Vice President : Dr. Benjamin N. Chiang
Vice President : Dr. Shih-Ming Wang
Dr. Fon-Jou Hsieh
Dr. Cheng-Wen Chiang

Organizing Committee
Chairman : Dr. Fon-Jou Hsieh
Secretary General : Dr. Yi-Hong Chou

Deputy Secretary-General : Dr. Wen-Jone Chen
Dr. Guan-Tarn Huang
Dr. Peter Hsieh
Dr. Tsui-Lieh Hsu
Dr. Kuo-Ching Yang
Dr. Pan-Chyr Yang

Treasurer : Dr. Wen-Bin Shieh
Dr. Chui-Mei Tiu
Dr. T'sang-T'ang Hsieh

Scientific Committee
Chairman : Dr. Fou-Jou Hsieh
Vice Chairman : Dr. Ting-Ywan Chou
Dr. Peter Hsieh

Exhibition Committee
Chairman : Dr. T'sang-T'ang Hsieh

Hospitality Committee
Chairman : Dr. Benjamin N. Chiang
Vice Chairman : Dr. Tsui-Lieh Hsu
: Dr. San-Kan Lee

Secretariat : c/o Taiwan Conference Management Co.,Ltd.
P. O. Box 68-439, Taipei, Taiwan
Tel : +886-2-2523 6017
Fax : +886-2-2537 7479

6

圖6-5　主辦單位組織表

11.報名費用（包括內容）。

12.報名表。

13.住宿資料。

14.眷屬活動和相關旅遊資料。

15.特別活動。

16.教育學分。

(三) 設計大會宣傳小冊（會議通知）

設計一份實用又精美的會議通知，除了可以吸引注意，還可以讓與會者留存，不僅用來宣傳，還可在將來讓人們津津樂道。

◆內容

1.將重要訊息放在封面。

2.宣傳（廣告）時要有一致性，以這個主題爲主。

3.封面利用單一圖樣。

4.選擇照片在大會宣傳小冊，說明目的。

5.在照片下要說明。

6.避免陳腔濫調。

7.加強重點。

8.以照片來代替圖案。

9.不要耍花招。

10.使大會宣傳小冊看起來有價值感。

11.在品質上要好。

12.誠實以告。

13.用信封郵寄大會宣傳小冊。

14.提供報名方法。

15.確定參加者對象及目標。

16.利用封面引起興趣並著手行動。

17.讓有意願與會的人參與。

18.人性化，引發興趣。

19.利用別人推薦來增加可信度。

◆列出優點

1.將活動名稱寫正確，如果可能，讓主題可以一看就獲益。

2.利用副標題加強效果，這個建議很重要，特別是當你每年年會或活動名稱都相同時。

3.例舉參加會議的優點。

4.建議參加會議的人簡述工作範圍和個人經驗，讓別人知道哪些人參加會議獲益最大。

5.在大會宣傳小冊中，25%～30%描述大會內容，如果會議在最近舉行，不要害怕重複使用字句。

6.包括演講者資料，盡可能讓閱讀的人瞭解演講者。

7.利用過去與會者的推薦，讓人感覺可從會議中獲益。

8.利用現在式第二人稱；例如「你將從……地方獲利」，用肯定句，不要寫不確定的字眼。

四、開會期間使用之印刷品

會議期間使用的印刷品視各主辦單位預算及需要而製作，基本上節目手冊及名牌一定不能少。

(一) 大會節目手冊

與會者抵達會場報到時所領取到由大會製作關於本次會議所有議程、活動及相關訊息的一本節目手冊，對與會者來說，這本冊子提供所有有關本次會議他需要知道及想知道的資料與訊息，因此製作這本冊子需要足夠的時間及詳細正確的資料，方能滿足與會者及所有相關工作人員所需，畢竟這本冊子所包含的內容正呈現了會議籌辦者所有籌備工作的成果。

◆封面

1.大會Logo及名稱。
2.手冊名稱。
3.日期、時間及地點。
4.主辦單位。
5.大會標語或主題。

◆內容

1.時間、日期和地點。
2.會議名稱。
3.主辦單位及協辦單位，或指導單位。
4.大會籌備委員會名單及秘書處。
5.會議主題。
6.會議主席歡迎詞。
7.貴賓賀詞。
8.開幕典禮程序表。
9.會議日程表。

10.演講人名字、職稱、演講題目、演講地點、引言人名字。

11.大會相關資訊，例如：報到時間／地點、茶點供應時間、秘書處開放時間等。

12.社交節目介紹。

13.旅遊／眷屬節目介紹。

14.會場平面圖。

15.展覽攤位平面圖。

16.展覽廠商及展品介紹。

17.停車場及收費情形。

(二)其他印刷項目

會議期間需要很多相關的印刷品，如果預算許可，應該儘早規劃需要的項目，才可及早作業。

◆名牌

爲與會者識別證，作用於進出會場、展覽場，也用於社交場合彼此交談辨識之用。有些主辦單位爲使會場不要太混亂，事先將名牌寄給已報名之與會者，但大部分於會場報到時領取。

印製名牌可依照大會之CIS作整體設計，內容有大會名稱（Logo）、日期、地點（如**圖6-6**），然後可用不同顏色區分各種身分，如貴賓、演講人、與會者、工作人員、眷屬等。記住要提早設計印製名牌，因爲要安排足夠的時間將名字打上去，同時印刷數量要控制好，以免屆時有些顏色印太多，而有些卻不夠用。

◆與會證書／感謝狀

通常與會者會希望在出席一個國際會議後，能由主辦單位頒

圖6-6　名牌

發一張出席證明，也就是與會證書，除了證明他有參與這個盛會之外，還是值得留存的一個紀念，所以很多主辦單位會花心思好好設計這張證書。證書上有大會名稱、Logo、時間、地點及證明某人參與此次會議，最後由主辦單位負責人簽名。（如圖6-7）

感謝狀不一定需要，但如果要感謝特別邀請的引言人或一些對大會有貢獻的個人、單位或團體，可以印製感謝狀頒發給他們。格式設計與證書差不多，只是內容文字不同而已。如果經費足夠，也有主辦單位特別製作獎牌贈送給這些人。

◆晚宴邀請卡、餐券

設計一份大會專屬精美的晚宴（酒會）邀請卡（如圖6-8），不僅加深與會者及邀請貴賓的印象，也會提高會議的隆重性，讓被

P01
CERTIFICATE
presented to
呂秋霞 (Karren Leu)
who has attended
International Symposium on Health Care and Payment System Reform
全民健保支付制度之改革與未來展望國際研討會
on
June 23-25, 1997
in
Taipei, Taiwan, R.O.C.
Dr. Chung-Fu Lan
Chairman
The Organizing Committee of 1997 International Symposium on HCPSR
Dr. Po-Ya Chang
Minister of Health
Department of Health
The Executive Yuan
Dr. Ching-Chuan Yeh
General Manager
Bureau of National Health Insurance

圖6-7　與會證書

圖6-8　邀請卡

邀請的人有受重視的感覺。

如果大會有提供午餐或需要付費的晚宴，最好印製簡單的餐券給與會者（如**圖6-9**），一來可以讓與會者知道在何處用餐，二來也可使主辦單位控制人數與結帳之用。

(三) 論文摘要集／與會者名冊

一般學術會議才會需要印製論文摘要集，特別是醫學會議。其封面設計與節目手冊大致相同，內容則是將論文摘要一篇一篇加以編號後編排進去。

與會者名冊大部分會議不會印製，但也有些會議的傳統是會將報名者的姓名、單位、地址、國家編印成冊，當作一份資料給與會者參考留存。

晚 宴 入 場 券

ADMISSION TO GALA DINNER

The 8th Congress
of the Federation
of the Asia-Oceania
Perinatal Societies

Time: September 19,
1994 (Monday) 7:00 pm

Place:B2, The Golden Dragon Room,
Lai Lai Sheraton Hotel

Dress:Formal

圖6-9 餐券

Chapter 7

會議前的作業安排（II）

所謂會議的籌備就是指在會議召開之前的準備工作，因此在整個會議規劃與管理的過程中，會議之前的執行作業占大部分的籌備工作，本章節延續上一章節內容，針對視聽設備、會場接待人員及其他相關事宜等作業安排內容作詳細說明。

第一節　視聽設備的安排

各種類型的會議都需使用到視聽設備，尤其是國際會議，在視聽設備方面的要求更是嚴謹，不管是視訊器材、音響、麥克風、銀幕等，都要有一定的品質，因此更需要專業人士的協助規劃。

一、放映設備（visual equipment）

指在會議室內演講時所用到的輔助器材，如投影機、銀幕、視訊及其他相關設備等。開會免不了需要使用投影機，投影機省去了影印紙張的麻煩與浪費，好處是大家有目共睹的。以下就會議使用的投影機作相關說明：

(一) 幻燈片投影機（slide projector）

在幾年前會議的產業裡，35mm幻燈機是最常被用做幻燈片投影之用。柯達愛影AT-Ⅲ是35mm幻燈機中最耐操的機器，此型機器提供了自動對焦、有線遙控、高亮度影像及背後更換燈泡等功能（如**圖7-1**）。隨著科技的快速發展，目前已經很少在會議中使用，通常主辦單位只是備而不用。

(二) 液晶投影機（LCD projector）

以往使用幻燈片投影機，雖然集中了與會人員對銀幕的注意力，但是一旦做好的投影片，運氣不好遇上需修改時，得重新印製，其印製時花的工夫與成本，亦不容忽視。再加上一般的投影

圖7-1　幻燈機

機，亮度不甚充足，得將會議室之燈光調暗，多少都會影響會議之記錄及會議進行之品質。

液晶投影機的問市改善了傳統投影機的上述問題；接上手提電腦（Notebook），立刻呈現所需要的畫面。尤其是現今網路資訊蓬勃發展，利用電腦作文書處理、報表製作、資料往來傳送等，隨時都可在電腦上作編輯修改；在亮度方面，液晶投影機的流明亮度一直在提升，不用關燈，也可以讓會議順利進行，已經不是難事了。

目前會議使用的液晶投影機大致可分爲：液晶（LCD）單片式、液晶三片式、數位光源裝置（DLP）。（如圖7-2、圖7-3）而所謂的三槍投影機，對於現在數位時代的需求恐怕不能滿足，加上體積過大與調焦不易的缺點，僅能鎖定家庭劇院的市場。

◆液晶單片式

光源透過LCD面板後，經過彩色濾光片得到影像；缺點是光源利用率偏低，亮度較爲不足，鎖定於低階的數位投影機市場，一般較具規模的會議應該不會使用。

◆液晶三片式

將光線分離出RGB三原色，再分別投影至三片LCD面板，透

圖7-2　LCD投影機

圖7-3　DLP投影機

過合光三菱鏡將之合成為全彩影像；缺點在於面板供應受到大廠控制，所以價格較貴，鎖定在高階的數位投影機市場，也就是一般會議場地（例如國際會議中心、會議飯店）所會採用的單槍投影機。通常單槍投影機依體積及亮度可分為：

1.小型單槍投影機：體積約A4紙張大小，亮度約3,000ANSI。由於投射距離較短（約12公尺），因此只能定點投射。
2.中型單槍投影機：體積約五十公分左右，亮度約5,000～6,000 ANSI。可換鏡頭並架設在會議室後段，優點是較不會干擾會議的進行。
3.大型單槍投影機：體積約八十至一百公分左右，亮度約8,000～10,000ANSI。其優點與中型單槍投影機相同。

◆數位光源裝置

光源投射至DMD晶片上，透過晶片上微小不同角度的轉動，所造成光線直射或折射而取得影像，再經過高轉速色環取得影像；輕巧重量與超小體積的設計，鎖定於可攜式簡報投影機。由於採用數位投影，其使用壽命較液晶投影機長，但目前價格較高，因此大多數會議仍採用液晶投影機。

◆投影機的亮度

流明（Lumen）是衡量投影機亮度的單位，指的是從投影機發出的光量。測量的方法是由美國國家標準協會（American National Standard Institute, ANSI）所定義的，因此完整的計量單位是ANSI Lumen。流明數越高表示越亮。

不過，投影機的亮度並非愈高愈好：太亮或太暗的畫面，都會讓眼睛感到不舒服。如果要選擇一個亮度適中的投影機，必須考量使用會議場地的大小和採光狀況。

◆液晶投影機的燈泡

液晶投影機的燈泡決定亮度的表現，對於要求投影效果品質的會議而言，燈泡的使用是很重要的；燈泡屬於投影機的耗材，好的燈泡換一次就是一、兩萬元。

1.鎢鹵素燈：在燈泡的石英泡殼中加入鎢絲燈絲，沖入氬氣與添加微量的鹵素氣體；投影機的光源要求高效率與高色溫，才能表現出高亮度與真實感，而鎢鹵素燈在這方面的表現較差，另外，壽命短、體積大等缺點均不適合目前投影機的趨勢，所以將慢慢被淘汰，不過，其優點是便宜與購買方便。

2.金屬鹵化物燈：利用極間距通過電流所形成的電子束與氣體

分子碰撞，激發產生光線，其優點爲色溫高、使用壽命長與光效率高，缺點是需要電力的瓦數高；目前金屬鹵化物的點燈方式可分爲三種：交流點燈、直流點燈和高頻點燈。

3.超高壓汞燈：原燈管通過電壓後，極間距間產生高電位差的同時產生高熱，將汞汽化，汞蒸氣在高電位差下，受激發而放電，內部的鹵素元素，就有催化及保護的功用；其優點爲發光亮度強，使用壽命長，所以目前市面上的液晶投影機多半是採用超高壓汞燈。

4.氙燈：在燈泡的石英泡殼中沖入氙氣，當電流通過時，極間距內放電，產生色溫約5,800K，接近自然光的連續光譜，是一種演色性相當好的光源，在使用壽命上，氙燈比超高壓汞燈和金屬鹵化物燈短，不過超高亮度與寬廣的輸出功率範圍使其可以使用在高階或大型的投影機上。

(三) 實物投影機（visualizer）

其外形略似手提型投影片投影機，主要構造包含一小型攝影機、光源及置物板；使用時，將一實際的物件，如商品樣本、相片、印刷品等立體的物件放在置物板上，打上光源，透過實物投影機上的小型攝影機將此物件拍攝下來，再連接影像投射器（如小單槍等），使物件放大投射到銀幕上，如此，與會者不需全數擠到前面就能看清楚演講者介紹的「實物」。此外，攝影機的鏡頭可以自動對焦，也可將實物放大或縮小（zoom in or out）。

實物投影機還有一種特色是光源可完全控制在置物板的範圍內，而一般專業型攝影機可能因爲對攝影的物件提供額外照明時，增加會場亮度而使小單槍投射在銀幕上畫面的品質降低。當然，一

般會議較不需要使用到這種投影機。

(四) 銀幕（projection screens）

選擇了不適當的銀幕材質投射影像，投影設備就形同虛設，使用銀幕首先要決定的是銀幕尺寸，而選擇銀幕尺寸則必須考慮到會議室的容量、尺寸和天花板高度。一旦決定了銀幕的尺寸，那接下來則是要考慮下列三個關鍵項目：型式、規格及材質。

◆型式

最常用的活動式銀幕爲三角架式銀幕。此型銀幕是以三角架置於地面，而以中間桿件爲支撐，將銀幕往上拉固定。活動式三角架的尺寸範圍在四英尺至八英尺之間，此類型銀幕只需一個人即可操作使用。

◆規格

而銀幕的規格則是取決於媒體的型式。正方形的銀幕較能符合所有的媒體影像。而長方型4：3比例的規格則是供16mm投影機及電視影像使用。

◆材質

有幾種銀幕材質可供選擇：蓆白、珠光和透明背投等。蓆白銀幕是全平面、不透光，可視角度較寬，是較常爲會議室內使用的銀幕。而珠光銀幕其可視角度則較受限制，其可視角度通常較蓆白銀幕爲窄。而透明背投銀幕材質則爲塑膠，其表面覆以特殊灰色物質，以能使影像從銀幕背後投影而能讓人員從銀幕前方觀看。此型銀幕爲高反射性銀幕，但其可視角度非常狹窄。

(五) 投影機架（projection stands）

要將投影設備置於適當的投影位置，必須置於精心設計過的架子或是升降機。對於出租業而言，Safelock及活動式推車爲最常用的兩種基本設備。Safelock架的四腳可以自由伸縮定位，其最高的高度爲五十六英寸。這個高度對於單台幻燈機或投影機而言是一個非常合適的高度。

而活動推車則可容納較多的投影機，其高度最高可達五十四英寸。活動推車的租金通常比Safelock爲高。三十二英寸高的活動推車較適合用於投影片投影機，而五十四英寸高的活動推車則可安全的承受視訊監視器。許多視聽出租公司爲了美觀，都會在推車四周裝上擋板。如果宴會廳中沒有投影機房的設計，那投影機架就必須安置在鷹架或平台上。不管投影機架要安裝在哪裡，都必須注意尺寸、高度及穩定性等技術性的需求。

(六) 視訊設備（video equipment）

視訊節目及其設備可分類爲下列三個範圍：(1)一般使用者／家用等級；(2)工業用／有線系統等級；(3)廣播用等級。

工業用／有線系統等級是最常使用在會議環境裡的。視訊系統格式及品質的軟體是決定視訊系統等級的一項特點。

大部分使用在一般使用者／家用等級的錄影帶爲二分之一英寸錄影帶格式，如VHS或是Beta。工業用／有線系統等級的錄影帶爲四分之三英寸錄影帶格式，或稱爲V-Matic。廣播用等級爲一英寸或二英寸的錄影帶。這三種錄影帶格式，都有一定的使用率。

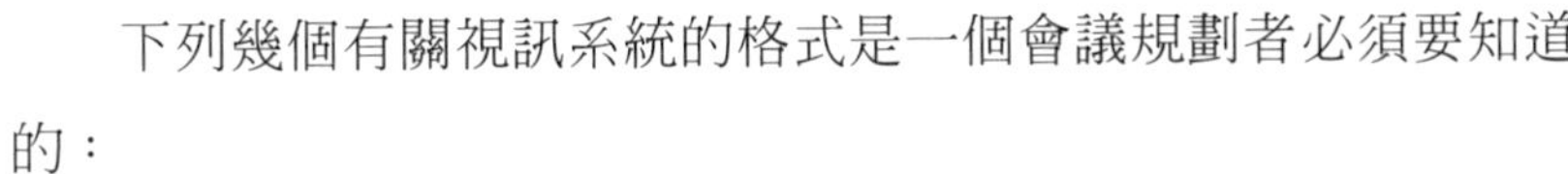

下列幾個有關視訊系統的格式是一個會議規劃者必須要知道的：

1.沒有任何一個系統格式是可以與其他相較的。這意味著每一格式都需要自己的錄放影機。例如VHS或是Beta，雖然它們的錄影帶是相同尺寸，但是它們卻有自己尺寸的卡匣及不同的電子設備。

2.放影設備的標準是根據錄影帶的來源地所決定的，例如所有來自美國的錄影帶皆爲NTSC系統格式，而PAL系統格式是來自於歐洲、非洲、澳洲及東南亞的錄影帶，而SECAM系統格式則是產自於俄羅斯、法國及中東地區。

3.對於錄放影機而言，還有幾種用途可以被使用在會議室裡面。視訊影像可以經由架設在會議室內的現場攝影機，將近距離的舞台活動傳回會議室內。影像也可經由在一遠端舉行視訊會議的會議室內所架設的現場攝影機，傳送影像回到本地的會議室內。

租借的電視機通常爲十九英寸或二十五英寸，錄放影機的信號可經由分歧後，分送到不等數量之電視機上。電視機的數量，取決於觀衆的人數及放影的品質及內容。一般的平均數爲每二十五位觀衆配置一台十九英寸電視機，或是每五十位觀衆配置一台二十五英寸電視機。這些基準平均數，仍需視會議室的大小、會議內容形式及放影內容之品質而有所調整。現今會議室的視訊設備主流是投影機，影像需投射到特定的銀幕上。視訊投影機可以提供一寬十二英尺以上的影像。這影像可以是前投影或後投影的方式成像，最大的投影距離可達四百英尺以上。

(七) 電腦（computer）

許多的會議室都需要把電腦的影像及內容，由投影機投射到銀幕上，或是放映至電視螢幕上。這項設備因爲A-V系統設備的日新月異而不斷地持續成長及進步。尤其手提電腦越來越輕薄短小，現今使用在會議室內的電腦已經改以手提電腦爲主流設備。手提電腦可以儲存大量資料、圖檔與動畫，甚至可以利用無線網路直接從Internet下載所需的資料。現在演講者通常都是將演講資料儲存在自己的行動碟（或稱隨身碟，flash disk）之中，再透過會議室的Notebook，經由LCD projector投射在銀幕上。

(八) 附屬設備（accessory equipment）

許多特殊設備可以提升會議室的功能，其中最方便常見的是電子指示筆。如果影像上有一個白色箭頭去指示要指引與會者觀看的，但以一枝雷射光筆的紅點來取代白色箭頭，將更能凝聚大家的注意力，特別是在一個大型會議空間內。

一個講員指示燈由紅、黃、綠三色指示燈所組成，這可以告訴講員，當綠燈亮起時開始計時；黃燈時，請準備作結論；紅燈亮起時，請準備作結束。這指示燈通常由會議操作人員控制。

二、音效設備（audio equipment）

音效設備對會議的品質具有相當大的影響，會議經理人如果能將下列幾項音響方面的基本因素考慮進去的話，那麼對會議品質的提升有相當大的幫助。

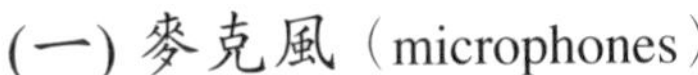

(一) 麥克風（microphones）

麥克風可以說是會議活動中使用得最頻繁、最重要的視聽器材之一。然而麥克風的種類繁多，特性也不同，因此瞭解各種麥克風的特性及正確的使用方法，將使會議進行得更順利，並節省不必要的器材租用費。麥克風可粗略分成兩種：

◆有線麥克風

簡而言之是麥克風本身再接上一條訊號線，當會議需要錄音時，使用有線麥克風的穩定性通常會比無線麥克風高，另外還需要提醒演講者一定要對著麥克風講話，否則可能錄不到或錄不清楚聲音。

◆無線麥克風

從表面上看來，麥克風本身就只有一支麥克風，沒有線接著，它的種類很多，可依據使用的狀況來選擇麥克風的型式：

1. 手握式無線麥克風：適用於會議過程進行至Q&A時段供與會者發問。
2. 領夾式（lavalier，俗稱小蜜蜂）或肩掛式無線麥克風：適用於演講者須走動且運用雙手時，還需隨身佩帶一個接收器。同時使用兩支以上的無線麥克風時，必須每支使用不同的頻率才能發音，當然頻率越多，產生相互干擾的情況就越嚴重。

在使用麥克風前，首先要決定這場會議中需要多少支麥克風，在一場將近百人的會議中，至少在講台與主桌台上需要麥克風，如果會議有雙向溝通的時段，就要考慮在觀眾席放置麥克風，講台的麥克風必須注意高度，而麥克風的頭可以任意轉動以符合不同身高的演講者。最佳的直立式麥克風高度爲六英尺到十英尺，演講者只要調整麥克風頭的上下高度即可。

在一場重要的會議中，最好準備「備用」的麥克風，否則在開幕式、專題演講或現場直播中麥克風突然消音，將是會議的一大敗筆。如果演講者在會場中要來回走動，那就要考慮「領夾式」的麥克風，它可以夾在衣服上。在討論會中有幾件事情要特別考慮，一般來說，主席、報告人、評論人都應該有麥克風，如果因爲經費考量，可以兩人使用一支麥克風，如果與會者要提出問題時，可以在觀衆席的走道處放置直立式麥克風。

無線麥克風會因爲會場死角、天花板的因素造成收訊不良，品質高且穩定的無線麥克風通常價格都比較高，更何況無線麥克風都使用電池，電池的強弱也會影響收訊的品質。酒會或茶會時，可以使用雙重或多重的無電天線系統，這樣就可以接收到最強和最清晰的音質。當使用無線麥克風時，最好「備用」一套夾式的麥克風。在此提供一個建議，如果你一定要使用無線麥克風，最好租用對會場熟悉的音響公司，才能提供較佳的品質服務（如果你使用的場地是台北國際會議中心，這些問題就不存在）。

(二) 錄音（recording）

如果在一場會議中考慮到錄音，就必須在演講區增加麥克風或者是從會場的音效系統中收音，如果是全場錄音就比較簡單，只要與會場的output連接即可，通常會場都會提供這種協助，可以將喧鬧聲音降到最低，而演講者也不會弄不清楚使用哪一支麥克風。

(三) 室內音響（in-house sound）

大部分符合會議標準的場地都有室內音響系統，在你決定是否要使用其音效系統前，一定要身臨其境地感受一下，即使當時的效果非常好，但是在會議前兩天最好再去檢視一次。

當你決定使用會議本身音效時，而你所使用的會議室僅僅是可分隔會議室中的一間，那麼你一定要確定是否每一間有獨立的音效系統，一流的會議場地都會特別留意可分隔會議室的隔音效果，提供最佳會議場地。

(四) 擴音器（loudspeakers）

擴音器位置放在會議室前面比放在前幾排或後排大聲，如果你仍然對於會場本身的音效系統感到質疑時，建議你另外找一家聲譽好的音響公司協助音效安排，對一個成功會議來說也是關鍵的因素。

三、特殊視聽系統（specialty A-V system）

(一) 多媒體（multi-image）

多媒體是利用多組幻燈機和聲音經由電腦控制，一般性的幻燈機有二十至三十張幻燈片，銀幕可以從一個到五個，很多台幻燈機可以使用一個銀幕和幻燈機，可以設定相同時間好像一部動作片電影，幻燈機可以使用在立體（3D）音效中。

當你考慮使用多媒體時，應考慮下列幾項原則：

1.內容：多媒體的內容是否適當？使用於正式場合還是娛樂性場合？

2.影響：銀幕的尺寸大小直接影響投射效果，一個大的銀幕或多個銀幕更是對多媒體效果產生影響，音效也是多媒體另一項重要部分，多媒體對音效的要求比一般室內音效高。

3.舞台：音效、投影、燈光都是舞台設計考慮的因素。

4.協力廠商：目前來說有很多廠商都可以提供一般會議的設備，但是缺乏多媒體的設備、專業人員和經驗。

5.安裝與排演：當活動的呈現不順利時，多半是因爲安裝與排演的時間不足所致，這種是屬於人爲錯誤，必須要有充分的時間安裝。

(二) 同步翻譯設備（simultaneous interpretation）

一般來說，同步翻譯設備的租金相當昂貴，主辦單位應視實際需要與預算的能力作考量。所謂同步翻譯是當演講者使用本國的語言演講時，經由同步翻譯人員的翻譯，使與會者透過同步翻譯設備立即聽到自己國家的語言。（如圖7-4）

標準的會議中心都有同步翻譯室（如圖7-5），語言的頻調最多有六種語言，使用的耳機可分爲有線與無線（wireless）兩種，無線耳機最好使用紅外線，其收訊品質佳，但價位高，因此主辦單位在分發耳機時，得要求會場工作人員嚴格執行，一定要用證件抵押，否則耳機容易遺失，造成主辦單位須額外賠償損失。

飯店的會議室通常沒有同步翻譯室的設備，當國際會議需要應用同步翻譯設備時，必須另外架設活動的同步翻譯室，這種活動的同步翻譯室可以向專門從事國際會議的視聽公司租借，但租金並不

圖7-4　同步翻譯設備

圖7-5　同步翻譯間之內部

便宜，同時還要預留架設同步翻譯室的位置及時段，以便作業。

(三) 視訊會議（video conference）

所謂視訊會議是透過串聯兩地ISDN（Integrated Service Digital Networks，整合服務數位網路）傳輸雙方的語音（audio）、視訊畫面（video）及資料（data，如幻燈片、投影片或電腦畫面）。

目前運用視訊會議最廣泛的是遠距教學，所以，即使會議地點分居世界各地，甚至包括六、七個地點以上，都可以藉由視訊會議的技術，在同一時間內舉行跨區或跨國會議。

四、會場行銷

(一) 在會場出售錄音帶

有時無法參加一場重要的會議時，最好的方法是購買大會錄音帶，有些公司專門協助大會立即製作錄音帶供會場銷售，但是製作錄音帶必須是大型會議，否則在成本效益上不划算。因此這些專門協助大會製作錄音帶的公司會要求保證數額，而且大部分公司會對主辦單位回饋佣金，這也是主辦單位另一項收入來源。

錄音帶的長度一般爲六十至九十分鐘，錄音帶的缺點是當使用不當時容易消磁，另外在問答（Q&A）時，台下問題聽不清楚，換帶時，演講者的演說內容會有二十秒無法錄到，如果利用兩台錄音機則可避免這種情形。

在確定會議要製作錄音帶時，必須注意下列事項：

1.同意錄音：每一位演講者必須簽署同意錄音書，一份影本要交給製作錄音帶公司，以免發生演講者抗議違反智慧財產權。

2.會前宣傳：要在會前宣傳，使得那些無法來參加會議的人可以事先訂購。

3.現場推廣：在大會上宣布可以現場訂購錄音帶，或在大會資料袋中附上訂購單，這些都是有效的推廣方法。

4.銷售攤位：在人潮集中的地區設置銷售攤位，提高與會者購買機會。

5.品質：錄音帶的品質必須良好，才能使與會者或訂購者不後悔。

6.會後宣傳：訂購單可以附在會後的newsletter，同時也可以接受現場郵購。

爲了提高錄音帶的品質，在錄音帶的一開始可以由一位專業的播音人員對會議的內容（如會議名稱、日期、地點與演講者的背景）作一個說明。

(二) 出售錄影帶

錄影帶是否銷售成功要看錄音帶是否銷售成功，一般來說，若錄音帶銷售成功，相對地，錄影帶也是如此，但是必須非常愼選場次，其原則是選擇大衆議題和熱門話題，同時也要考慮是否將幻燈片、圖形、影片等相關輔助教學資料也放在錄影帶中。

製作成本是首要考量的因素，三機作業包括人員與機器一天就要花費將近十幾萬元。燈光是製作錄影帶最需要克服的問題，燈光處理不好會使演講者眼睛非常不舒服，也會干擾與會者觀看銀幕的文字，所幸一位專業的燈光師可以避免這些問題，設備人員與攝影師必須密切合作，演講者在良好的燈光效果下製作出良好品質的錄影帶，需要錄影的場次最好在同一間會議室，這樣比較節省成本，一般而言，錄影帶無法在現場交貨，必須在大會結束後幾星期內寄送。但是也有例外情形，特別是一些炙手可熱的演講者或熱門議題的單元，錄影帶製作公司可以連夜趕工第二天交貨，當然費用也比較高。

五、會議室本身對於會議的影響

會議設備與會議室周邊的環境，都會影響視聽的品質與投射效果，會議室周邊的環境包括了天花板高度、牆壁、地板、柱子、窗戶、鏡子、門、電力以及消防出口等，都直接影響了視聽的品質與成本。

1.天花板（ceiling）：天花板高度決定了投射銀幕的高度，投射銀幕的高度又決定了放映機的距離及座位安排。天花板上的吊燈、裝飾物以及半圓形的天花板都要被考慮進去。

2.牆壁（walls）：可移動的牆會影響與會者的聽覺，如果聲音會從上、下或門傳出去，這種會議室就不適用。

3.地板（floors）：沒有鋪地毯、木質、磁磚或混凝土的地板都會受影響，與會者在木質或磁磚地上走動產生的聲音都會影響會議的品質。

4.柱子（columns）：柱子會嚴重影響座位數量與視聽設備的位置，如果柱子遮住與會者的視線，那樣的座位安排是不恰當的。

5.窗戶（windows）：窗戶的光線會影響放映的效果，必須利用不透明的窗簾來阻隔外面的光線。

6.鏡子（mirrors）：一個會議室裡有鏡子會影響使用放映機，鏡子的反射會使影像產生多重效果。

7.門（doors）：開關門以及喳喳的聲音會影響會議進行，因此會議室的門必須開關時無聲。

8.電力（electrical）：如果會議室電力不足，可能會影響視聽設備中斷，插頭不足和燈光控制的位置都會影響會議室座位的安排。如果在大會議室沒有遙控燈光設備時，就必須要有專人控制，或者將放映機放置在電力控制器附近。

9.出口（exits）：消防及走廊出口經常與舞台在同一面牆，但是千萬不要被舞台或銀幕擋住，以免造成逃生不易。

六、會議室與視聽設備之間的關係

會議室的容量、座位與舞台的安排都與視聽設備之間產生直線的關係，說明如下：

(一) 視聽設備的安排影響會議室座位的容量

如果視聽設備對一個成功會議是重要因素的話，那麼會議室座位的容量一定與場地簡介的數量不同。因爲通常場地簡介的座位數量是以最大容量來計算，並沒有特別考慮到舞台或視聽設備所需要的空間，快速計算方法是如果以劇院型的座位安排每人需要的空間是十英尺，如果以教室型的座位安排每人需要的空間是十五英尺。然而估計視聽器材所需要的面積，要先瞭解視聽的兩項原則：五英尺原則與2：8原則。

1.五英尺原則：是從地面到銀幕底層的距離爲五英尺，一般來說人坐下來的高度約四英尺六英寸。

2.2：8原則：最佳的視覺範圍是不近於二倍銀幕的高度也不遠於八倍銀幕的高度。例如銀幕高度爲四公尺，那麼第一排位子應該放在距離銀幕八公尺的地方，而最後一排位子不要遠於距離銀幕三十二公尺的地方。

有些會議經理人採用2：8模式，並將視聽設備作爲會議室是否適用的考量因素之一。如果採用五英尺原理，會議室天花板高度爲十五英尺，銀幕的高度爲十英尺，舞台最好放置於會議室入口處的對面，如此才不會影響晚來的人因穿過銀幕而干擾演講者。在放置舞台及銀幕時，同時也要考量吊燈、圓柱、燈光控制位置、入口及逃生口，一旦銀幕的正確位置確定，採用五英尺原理比較容易正確估計座位數量。如果會議室長度爲一百英尺，幻燈機或影片將投射在十英尺銀幕，那麼最後一排位置不能超過五十四英尺。

(二) 座位安排對視聽的影響

有些座位安排對視聽產生良好效果，有些則相反，對視聽最適合的座位安排是劇院型、教室型、U型或馬蹄型。劇院型與教室型的座位安排可以將銀幕放在中間或角落，主桌可以放置在角落，如此不會影響與會者視線。橢圓型的座位安排無法使每一位清楚看到投影，某些人必須移動位子。在酒會的圓桌約有半數的人必須移動座位，這是無法避免的，好在餐會的簡報多半是簡潔、綱要的，有時候爲了配合會後用餐來不及變換座位安排時，會議中也可能利用

圓桌型的座位安排。

(三) 會議場地視聽設備的調查

會議場地視聽設備的調查可分下列三步驟：(1)事前蒐集相關資料；(2)現場實地勘查；(3)事後彙總資料。

當你尚未實地勘查前，先蒐集會議場地的相關資料， 如簡介、平面圖與周邊環境等，自行設計一張「查核清單」，並將你瞭解的部分詳細列出來。事先要求會議場地提供視聽設備的報價單，以便瞭解當地市場價格，如果可能再請教曾經使用過這個會議場地的主辦單位應該注意的事項。

實地勘查時，對於視聽部分必須非常詳細瞭解其設備情形，同時也要求當你到現場勘查時，會議承辦人及視聽技術人員都能在現場詢答，詢問的內容越詳細越好，詢問的內容可以包括會議室是否可以錄音、詳細的平面圖（包括長、寬、高）、是否有音效系統、品質如何、會議所使用的家具是否足夠，如桌、椅、講台、升降機及海報架等。事後再彙總所有資訊，作正確的研判。

(四) 視聽與舞台之間的關係

會議有兩個主要的目的：訓練與激勵。也因爲這兩個目的不同，舞台的設計也不同，以訓練或學習爲主的會議，基本上舞台的視聽設備比較簡單，重點在於讓與會者快速而清楚地獲得學習的資訊。以激勵和行銷爲主的會議，舞台上的視聽設備就比較複雜，經由視聽的效果來誘使與會者購買產品或服務，以達到激勵與行銷的目的。目前舞台的視聽設計都能符合多功能用途，可以任意選擇。

◆學術性的研討會

會議室的配置上應考慮主桌、講台的位置，音響的配置如主桌、講台及台下（Q&A）所需要的麥克風，視覺的配置如黑板或白板（flipchart）、燈光控制器、銀幕、投影機等。

以下介紹各種配置方法：

1.銀幕放置在角落：如果是純學術性的研討會，與會者希望清楚地看到演講者與銀幕上的內容，而演講者也要清楚看到銀幕的內容以便於演講，有些會議籌辦人忽略了這個原則，這是一種標準學術性研討會的配置圖。演講者、與會者和主桌的人都可以看到銀幕，同時也不影響人員出入。（如圖7-6）

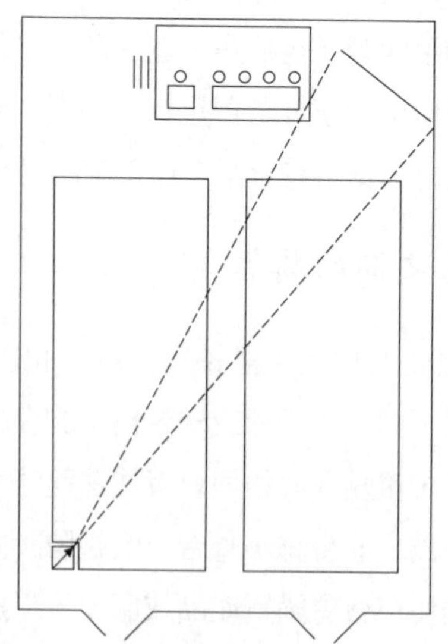

圖7-6　銀幕放置在角落的擺設方法

2.銀幕放置在中央：當會議室需要兩個銀幕或者天花板較低時，銀幕就要放置在中央，主桌及講台則要移到角落，演講者、與會者和主桌的人也同樣可以看到銀幕。（如圖7-7）

無論哪一種配置方法，在講台上仍要有燈光讓演講者可以看資料。

◆企業會議（corporate meetings）

企業界的會議多半是以激勵或行銷方式進行，其目的是誘導與會者購買或接受產品，並非單純學術性會議，而視聽設備的需求比較複雜，因此預算也相對增加。爲了誘導觀衆購買，因此在視聽方面利用多媒體、影片、幻燈機等再加上聲光及雷射效果，激起觀衆

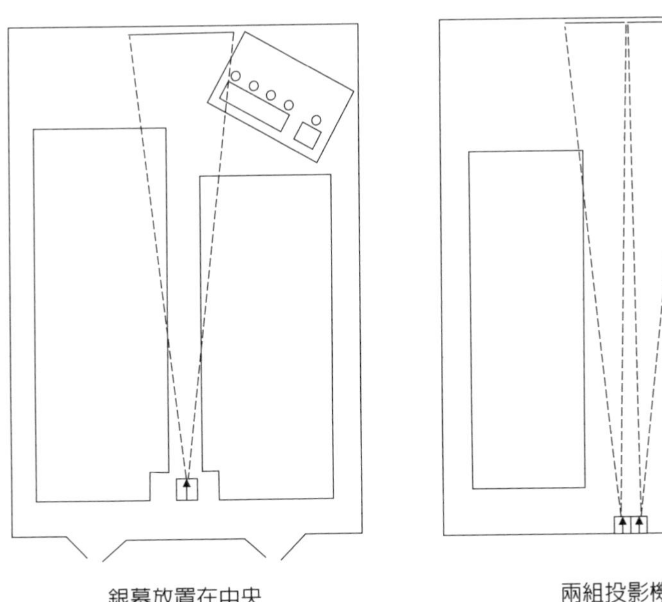

圖7-7　銀幕放置在中央的擺設方法

的購買欲。要達成這種視聽效果必須要有完善的計畫，專業的人員更是成功的關鍵。採用後射型的投影會浪費不少空間，但是呈現視聽的效果與多樣性較佳。

(五) 視聽設備的協力廠商與成本

在選擇協力廠商時不能僅看公司的簡介，而是要親往瞭解，特別是要與未來合作的人員面對面溝通，對於廠商提供的企劃書也要詳細瞭解，假如有一家廠商的企劃書只有一、二行談到執行方面，其他八、九行都是器材清單，這就表示這家廠商只是器材出租公司而無法執行，你必須找到一家符合你需要的廠商。

(六) 預算控制

視聽預算的控制，包括大會內容、演講者視聽需求、攝影及專業人員，有時大會內容相同，但因爲器材不同，價格也不相同。演講者「視聽需求問卷表」可以掌握視聽設備的需求，「視聽需求問卷表」上清楚列出各種器材，便於演講者勾選，避免要求演講者塡寫「特殊需求」。爲了便於廠商競標，提供視聽設備需求的項目、日期與時間。有些場地只用到下午，而同一場地晚上還有別人使用，那樣會增加拆裝的費用，時時核對並調整預算表。

◆設備的成本

視聽設備的成本是根據「地點」和「計算方式」，例如一架投影機在這個城市八百元，在另一個城市可能一千二百元，有的廠商可能連續三天報相同的價格，有的廠商可能第一天一千元，其餘二天都是每天八百元。一般來說，向會場本身簽約的視聽公司租用器材價格都比較高，同時也要掌握對於額外的鏡頭、延長線等是否要另外計費。

◆人力成本的考量

視聽服務是人力密集的工作，在美國安裝與拆除費用不包括在租金價格中，複雜的視聽設備需要專業技術人員。而且每個地區勞工成本、工會及工作情形都不相同，可能這個城市每小時工資爲二十美元，最基本工時四小時（可能實際工作時間僅二小時，但仍需支付四小時工資），另一個城市每小時工資爲二十五美元，最基本工時六小時，加班費計算也不相同，有些城市星期日要支付雙倍工資，因此到國外去舉辦國際會議時，要特別注意人力成本。在台灣視聽設備的租用價格都包括人力安裝及拆除，除非是需要視聽或音效操作人員才會另外計費。

(七) 與演講者密切配合

會議品質取決於視聽設備的優劣，如何使演講者簡報內容作最完善的呈現，主辦單位必須與演講者保持密切的配合，事先提供會議大小以及預期出席人數，可作爲演講者在準備簡報資料的參考。

◆演講者的需求

對於演講者的需求基本上是儘量尊重，但是也要考慮到成本，方法如下：

1.儘早與演講者聯繫。
2.設計「視聽設備需求表」（包括演講者名字、地址、電話號碼、傳眞、E-mail、簡報名稱、會議室名稱、時間、日期等）。

3.追蹤與回收「視聽設備需求表」。

4.彙總所有演講者的「視聽設備需求表」並寄給視聽協力廠商。

5.向協力廠商確認。

◆演講者預備室

大會主辦單位要安排一間演講者預備室（the speaker ready room）作爲他們預習、測試簡報資料的地方，工作人員協助演講者遞送資料給視聽人員，但是在幻燈片盤上要貼上演講者名字及主題。

如果預算和場地都足夠，可以設置一間演講者休息室（speaker lounge），放置舒適的沙發、桌子、點心和飲料，可以讓演講者彼此有一個交談的地方，在第一天演講者的早餐會上，負責視聽協調者可以對一些注意事項向演講者作說明。

第二節　會場臨時工作人員的安排

不管會前的籌備工作準備得多麼完善，會議籌辦人員或會議主辦單位都需要好好訓練一批接待及工作人員，於會議期間在會場將會議前所規劃及準備的各項安排一一呈現給與會人員，也就是說，如果你所挑選的人員有得到正確良好的訓練，那他們一定能在會場有很好的表現，會議也一定可以得到與會人員的讚賞，所以絕對不要輕忽這項工作。

一、會場臨時工作人員

人力資源方面，主辦單位和參展商通常會僱用當地工作人員在現場處理一些比較簡單的工作，而且他們對當地比較熟悉，還可推薦與會者哪些餐廳和位置。這些人可經由當地會議／觀光局、學校和臨時人員介紹所推薦；另外模特兒經紀公司也能爲參展商找男女模特兒來介紹產品，如果有需要，有時候也可以找到在某一方面有基本技能的人。

(一) 臨時工作人員工作內容

1.報到人員、打字員和出納員。

2.售票員。

3.詢問台人員。

4.整理報名卡人員。

5.臨時辦公室行政人員。

6.各會場支援人員。

7.新聞室接待人員。

8.接待室接待人員。

9.參展產品示範人員。

10.分送和蒐集會議調查表。

(二) 臨時工作人員基本要求

1.良好溝通技巧。

2.熱誠。

3.語文能力。

4.彈性和機智。

對與會者來說，他們的表現就代表了主辦單位或參展商。

(三) 人力規劃

1.人力需求先作區分（分組）。
2.確定各組工作內容。
3.寫下工作內容（job description）。
4.需要哪一種技能的人：打字速度快的可以安排在新聞室或行政辦公室，是否有些工作需要體能或站立，如果有這種需要，要事先說明；是否需要具備電話禮儀、是否需要對旅遊地點和餐廳較熟悉。
5.確定一個日期和時間舉行工作說明會：在會議前舉行工作說明會，針對每項工作內容詳細說明與訓練。在人員數量方面要足夠，午餐和休息時間要有人接班。
6.最好於會議前一天在會議現場舉行預演，或是實地瞭解各組的工作區及會場所在地的各項設施。

(四) 人員之僱用

1.將工作內容和所有大會（展覽）時間表與人力公司討論，最低工作時數和每人每小時費用。
2.同時詢問週末假日和早到、晚走的每小時費用，有的人力公司在晚上工作會要求晚餐費。
3.詢問人力公司收費的情形以及他們的責任範圍，萬一有人臨時無法來是否可立即指派他人代替。

4.現場有時人力很難估計，如果需要臨時增加人員多久可以提供，如果不需要多餘人員要多久以前告知。

5.將工作內容和每日時間表提供給選定的人力公司，可提早分給僱用的人員及聯絡人員正確地點和電話號碼。

6.本地如無此類人力公司，通常可與當地大專院校課外輔導單位聯絡，請其代爲徵選相關科系合適人選。在台灣會議人力比較少利用人力公司，多半是與學校合作或上網徵求需要的人力。

二、展覽需要之工作人員

參展商僱用的人員不但要有上面所講的條件，更要很快地瞭解產品和公司目標。負責示範的人要有銷售能力，表現專業和吸引人的外表。他要具備親切的態度和幽默感，這樣的人才適合代表公司。

由於找這種人很強調品格和外表，可以透過專業模特兒經紀公司、會議或展覽經理人，他們根據展商需要的條件推薦合適的人選。如果費用及其他方面確定後可立即聘用，但在決定聘用前最好打聽一下以前使用過這家經紀公司的情形。

第三節　其他相關服務的安排

在會議中除了主要會議相關服務外，還有其他服務，會議場地可能需要花藝和植物布置，或是在會議現場攝影，留下大會活動記錄，保全、辦公室家具和影印機也可能需要。一般來說，這些事項並不像整個大會所需設備那麼重要，並沒有事先討論和評估他們的服務，但使用這些服務也應該事先計畫。

好的服務可能不被注意到，但是不良的服務卻會影響大會的成功。

一、花藝

傳統的花藝（florist）是根據你的金額提供花藝或植物，如今專業花藝設計家們受過專業訓練，協助會議籌辦人對整個會場和展覽場作整體設計，他們經常與場地人員和展場人員密切合作，提供會議籌辦人在布置方面的協助。

第一，選擇花藝公司。和選擇其他服務相同，請會議／觀光局和展覽承包商推薦，分別與他們談談是否有處理相同會議的經驗，要求他們提供作品照片，詢問綠色植物種類和開花植物及容器，說明細節如下：

1.主辦單位和展商對綠色植物、盆栽花及花器的價格須知。
2.當需要重新換花以及臨時需要，有多少人力可協助現場。
3.如事先訂購是否可提供折扣。
4.提供最近協助過會議布置主辦單位負責人員的名字、地址、電話。

第二，大型會議最好早一點和花藝公司討論，早點計畫也可以節省費用，花藝專家和展覽承包商需要足夠的時間討論，設計大會花藝主題。如果在貴賓晚宴或酒會中需要花藝，就要和餐飲經理討

論整個晚宴或酒會大致擺飾，以及使用什麼顏色的桌布，報價時請花藝公司連同容器一起。告訴他們主桌要怎麼擺置花藝，如果講台上要放置盆花，告知講台型式及放置的位置。

第三，按慣例很多主辦單位會提供大會貴賓、主桌客人胸花，有些絲質衣料因戴胸花而將衣服弄個洞，因此須考慮用其他方法。如果花要送到每一間房間，確定一下他們是否可以處理。很多主辦單位因爲經費有限，所以只能做有限度花飾；相反地，如果經費沒有問題，花可以點綴會場和展場，使整個氣氛很愉悅。

二、辦公室事務機器

辦公室事務機器公司並沒有很重視會議市場，有少數還認爲那是麻煩的生意。很自然地，租借事務機器容易被濫用和花較高的修理費，因此這些公司在租借前先要瞭解會議性質，提供的報價包括運送、二十四小時緊急聯絡電話，租用訂單中要清楚註明機器類型，例如電腦，要註明那一類（包含軟體），所有需求都以文字書寫，並確定對方收到及瞭解。

影印機最難租用而且麻煩也最多，有時可向主辦單位當地分會辦公室借用。如果會議在星期日或星期一早晨開始的話，一定要確定影印機在星期五前安裝完成，萬一有毛病很難在週末找到人修理。一般慣例貨運公司負責運送，公司派人來安裝與測試，並請教使用方法及緊急修理電話號碼。有些公司專精會議與展覽報到服務而且利用電腦，這種情形主辦單位都是要求全套服務，故不用擔心，相同情形是提早著手，有問題隨時提出並先作好完整計畫。

三、辦公室家具和設備

現場工作人員希望有辦公桌椅辦事，比較有效率和舒適，或有一台影印機也很方便。有些公司專門提供開會時辦公室家具和設備，一般在會議中心或飯店開會時，他們會根據你的需求提供現有的桌椅及桌布讓會議工作人員使用。對會議籌辦人來說，最主要還是事先計畫。

如果會議包括展覽，那麼展覽承包商可推薦辦公室租用公司，如果沒有展覽承包商，會議／觀光局也可以協助找到辦公室家具租借公司，一般來說這種公司並不多，就像事務機器公司，對他們來說這並不是個重要市場，如果需要的家具比較獨特，在租借前最好到倉儲去看一看。在決定家具租用前最好先畫平面圖，確定家具放置位置、可放置多少張桌子，訂單中要寫得清楚和正確，但也要有點彈性，將平面圖複印一份，到時候按照平面圖放置家具。

允許較充裕的時間運送事務機器和家具，並在租用前有時間重新檢查一次，除非主辦單位與這些公司經常配合，否則都要事先付款或支付一定金額的訂金。

四、保全

最近幾年展覽考慮保全明顯增加，一方面是展覽增加，另一方面是各種先進手提式設備參加展覽，因爲展覽激增而且規模大，故需要在各入口處檢查名牌。在現場報名區，因收取報名費，故必須要僱用保全人員，都市因犯罪率增加，更要考慮與會者安全。有些主辦單位，在搭乘大會專車之處派保全人員，特別是晚間交通運

輸，找合適的保全公司不容易，如果當地有專門提供會議、展覽的保全公司，則比與當地爲公司行號保全的公司適合，而且當地爲公司行號保全都有合約，故這些保全公司將會議展覽保全視爲第二市場，如果在人力方面不足，他們會以長期合約的公司行號爲優先。

(一) 評估保全公司的品質應包括人力方面的彈性

信用良好的保全公司會爲他們的人員提供訓練課程，保全公司最重要的因素是人的素質，理想的保全人員有禮、機智、警覺、專業。從其他配合過的會議籌辦人那裡打聽其信譽和人員是否可靠及準時。確定他們每小時的價格，如保全人員、保全組長、接班人員等，以及其他任何費用、最低小時計算數和超時計費方式，在現場彼此溝通方式，是否要求保全人員穿制服並配上有照片的識別證。

(二) 提供保全公司明確指示

不僅包括人數、時間、地點，並且給每一位保全人員工作責任，什麼時間？什麼顏色的名牌？在哪裡可領取記者證？是否沒有名牌的眷屬和子女可以進入？提供名牌樣品和有問題與哪裡聯絡？先與場地人員討論，他們會告訴你哪些出入口可以或不可以鎖，如果是大型展覽，最好有平面圖，在上面註明每一位守衛位置，特別是大型展覽中更要愼防小偷，雖然有時掉的和損壞的東西並不値錢，但對展商來講可能很重要。最容易出現麻煩的時段是進場與出場和每天展覽結束時，這段時間最容易有小偷，如果展商預算許可，可爲自己的攤位安排保全是最有效的。告訴展商値錢的小東西自行帶走，有些展場提供保管室，有保全及鎖，或者主辦單位準備一個保管箱，對搬走東西的規定有：貨品搬出證書，要有展場經理簽字、名片配合照片和個人識別證。經常巡視現場看看哪些人比較盡職，是否僱用保全人員晚上看守展場要視情況而定。

五、攝影

除了媒體和特別活動攝影外，有些主辦單位為了留下記錄作為以後參考，會請攝影人員全程攝影。

有些展商也僱請攝影人員攝影，留下展覽會記錄，作為公司年度刊物或行銷手冊之用。

因為每家攝影公司專精不同，所以最好選用專精會議與展覽的攝影人員協助，基本上這些人或公司能配合二十四小時服務，儘速提供拍攝好的照片。

另外還包括獨立作業、充足的攝影器材和人力及高品質的攝影，要求其提供樣品、報價（包括彩色或黑白、尺寸及加洗），要問清楚報價內容，是否包括底片、攝影人員費用、作業程序等。

要清楚告訴攝影人員，你想要哪些照片，每一位演講人都要拍還是只拍某些專題演講人、是不是要包括講台或只要拍人即可、觀眾是否要拍。

六、其他需要

會議和展覽所需的附帶設備和服務相當多樣，大部分視情況而定，會議籌辦人先與舉辦城市聯絡是否可以提供，主要是向會議／觀光局、展場或展覽承包商打聽。

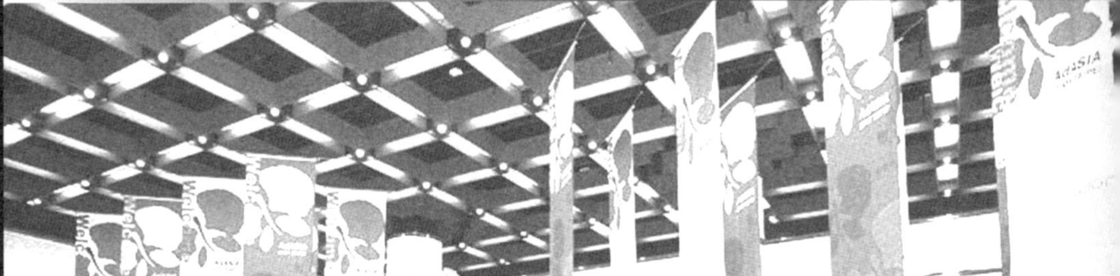

Part 4
會議前的規劃（Ⅱ）

本篇繼續就會議前的會議展覽作業安排及與會代表的作業安排相關規劃作業作說明。

Chapter 8

會議展覽的作業安排

會議展覽的安排也是一門專業的工作，有的會議顧問公司除了會議籌辦人之外，還會有專門負責會議展覽的專業人員，但是，通常會議展覽的規模並不是很大，會議籌辦人本身就可以處理規劃。

第一節　會議展覽內容介紹

一、展覽目的

會議同時舉辦展覽的目的，除了增加收入之外，也是加強會議節目內容，吸引人潮的方法之一。（如圖8-1）

1. 會議結合展覽是提供與會者和參展廠商彼此共同利益：展覽可能是一項很大的收入來源，基本上，主辦單位將展場攤位轉租給第三者——參展廠商，主辦單位向會議中心議價後承租場地再轉租給參展廠商賺取利益，展覽獲得的利益是會議中重要的收入來源。

圖8-1　展覽區

資料來源：安益展覽公司提供。

2. 展覽也是獲取知識的來源，同時可加強會議節目：展覽是在現場展示某種與會者有興趣的儀器、設備和商品。這也是將會議中理論的討論轉到實物上，對參展商來說也藉由展覽直接介紹自己的產品給特定對象，提供給會議實質上的服務。
3. 不僅主辦單位可從展覽中獲取利益，與會者亦然：展覽對與會者來說是學習的經驗，在那裡他可以實際看到產品——新的或舊的，這些產品可以應用在他們的工作上。同樣地，有些東西有助於他們的工作，展覽不但是他們這個行業中的資訊，更重要的是在同一時間、同一地點你可以看到多種相同產品並做比較。
4. 對參展廠商來說，展場是銷售產品給潛在客戶最佳的地方：這是一個低成本的推銷活動，而且你可以面對面向對你產品有興趣的客戶作介紹。同行業者也可以藉機會瞭解別人的新產品，更進一步，參展者也可以從和與會者的對話中獲取哪種新產品或技術應該被開發或研究。

二、展覽效益評估

這裡沒有一個數據可以告訴你有多少人才需要辦展覽。在一百五十人的會議中有五家廠商參展，或許與參加大型會議之展覽的效果相同。展覽是否有效，其決定因素如下：

1.與會者對展示的產品和服務有興趣（如果與會者不是可能的購買者，對展覽就沒意義）。
2.時間是否足夠讓與會者參觀（假如大會節目安排太密集，而使與會者沒有充分時間參觀，將會影響廠商參展意願，特別是小型會議）。

3.對展商和主辦單位來說成本的考量（如果攤位有限，收入就得支付成本、租場地、搭攤位、人力等）。

4.有多少廠商介紹雷同的產品和服務。

三、展覽的形式

要確定展覽形式，就必須先瞭解如何充分利用展場，這裡介紹三種基本形式的展覽：

1.以攤位展示：指每一個攤位或更多攤位鄰接。

2.以桌子展示：每一個參展商只分配一張桌子鋪上桌巾，將展示物放在桌上。

3.以一個展區作展示：參展廠商在一特定的展覽區展示。

一般來說每一個展覽攤位尺寸爲三公尺寬、三公尺深，但是有的因爲空間有限，特別是在飯店，攤位可能爲三公尺寬、二・五公尺深。三公尺是標準攤位尺寸，展覽攤位的高度約二・五公尺。

以下是五種攤位形式：

1.標準基本攤位：攤位一個接著一個，只有一邊臨走道。（如圖8-2）

2.展場周邊攤位（perimeter booth）：在牆壁外圍，如果展場允許可使用較高背板。

3.位於角落攤位（corner booth）：臨兩邊走道的攤位，一般參

圖8-2　標準基本攤位形式

資料來源：安益展覽公司提供。

展廠商最喜歡這種攤位，兩邊可看見。

4.半島型攤位（peninsula booth）：三邊臨走道，至少有二到三個攤位。

5.島嶼型攤位（island booth）：四邊臨走道，至少有四個或更多攤位。

四、展覽預算

展覽預算的編列也相當重要，要與會議分開，這樣可以讓你確認掌握財務，其收入來源爲攤位出租金額，也有一小部分是因爲攤位訂金收入而產生的利息收入及廣告收入等；費用部分爲場租、印刷、基本攤位隔間費，以及布置、標幟、保全、報到處及簡單餐飲等費用。

(一) 攤位出租收入

攤位出租價格的區分大致分為兩種：

1.以位置來決定價格。
2.每個攤位價格都相同。

以第一種方式計算是決定於攤位位置，靠近入口處和走道中央兩邊位置，特別是角落位置攤位租金較高。有些展覽不分價格或者根據面積來計價。

(二) 其他收入

在參展手冊或指南中接受廣告，也是收入來源之一。發行的手冊或指南中刊登參展廠商名單、攤位圖、展出的產品等，有些參展廠商刊登廣告可使與會者特別希望參觀他們的攤位，但有些主辦單位禁止廣告。

收入還包括利息收入，還有些收入是參展廠商預付訂金，在某一特定日後因取消而沒收的金額。

(三) 費用

費用多寡取決於你要花費多少在布置、管理費、場租及攤位隔間，儘量留意支出與收入的平衡。有些主辦單位有自己全職從事展覽的人員，也有些是負責其他工作再兼服務展覽，有些主辦單位聘用專業展覽人員，他們負責所有展覽事宜，包括租借場地和選擇展場，其費用之計算爲一個定額，或者是按展覽收入的毛利之百分比計算，也有些是專營展覽的公司，在這種情況下所有收入和支出都由專營公司負責，然後支付一定比例給主辦單位。

展覽相關費用包括：

1.展場租金。

2.攤位隔間費用。

3.展場布置。

4.保全費用。

5.印製及郵寄展覽宣傳資料的費用。

6.購買參展廠商名單。

7.印製展覽手冊費用。

8.茶點費用。

9.展覽開幕酒會。

10.參展廠商報名成本：名牌、彩帶、人力等費用。

11.參觀者證件製作。

12.走道和指示標誌。

13.展場清潔。

隨時檢視預算，比較實際發生和預算的情形，適時加以調整並小心控制。

第二節　會議展覽場地選擇

選擇一個適合的場地是主辦單位、與會者和展商共同的願望。有很多因素必須要實地瞭解後再決定最適合的場地選擇。

一、影響展場選擇的因素

(一) 展場與會議地點要接近

對與會者和展商而言，最基本的考量是展場與會議地點要接近，這樣與會者很容易進入展場，最理想的展場是與會議室、報到處、點心地點接連，當然不是經常都這麼理想，但是至少展場儘量與會議室靠近，只要付出心力儘量安排也能達到相同效果，有些地方會議和社交活動場地並不在一起，而與會者需搭乘專車前往。

(二) 對於布置攤位材料的進出許可要特別留心

大部分的會議中心（convention center）和一些私人會議中心（conference center），貨車和旅行車可以直接進入展場，這些場地的入口高度與寬度都容許大貨車出入，但有些飯店的入口或電梯可能無法讓大車自由進出，而飯店供應商經常送貨來，故展覽卸貨也很難控制，靠近裝卸貨附近有個專用貨用電梯比較容易裝貨與卸貨。

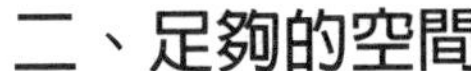

二、足夠的空間

先預估有多少參展廠商可能會參加，再決定展場需要的空間，當然你也可以根據過去每年會議的資料再加上某一比例的成長來預估。

傳統上，每一個攤位尺寸爲10英尺×10英尺（每個攤位一百平方英尺）或3公尺×3公尺，一百個攤位需要一萬淨平方英尺（如柱狀或其他障礙物除外），再加上有些展場容許八英尺寬走道，但是有些因爲防火規定，走道需要十英尺寬，因此通常展場空間計算大約爲淨平方英尺的二倍，如一萬淨平方英尺攤位，實際場地需要約二萬平方英尺（這種只是一般計算方法，並不精確），有時你還應該加上主辦單位的展場或服務區等空間。

大部分展場的簡介中都有展覽區的總平方英尺。你最好與曾經在那裡辦過展覽的人請教他們的經驗。展覽區太小有時給人擁擠的感覺，而展覽區太大又給人一種鬆散、冷清的感覺，因此最好選擇一種大小適中的場地。

三、展場租金

因展覽場地不同而租金價格也有所不同。會議中心一般收費標準係根據以下兩點：

1.實際使用展場面積而定：這種計算方法是實際使用攤位的淨平方英尺，不包括走道，展期是從設置攤位開始一直到展覽結束後拆場爲止。

2.以每天淨平方英尺計算：會議中心可能每天收費每淨平方英尺多少錢，根據每一場展覽爲基準，對於進場布置攤位或拆場給予優惠價格，通常二天進場一天拆場，較小型展覽則一天進場半天拆場即可。

以上爲兩種展場租金計算方法。但是飯店或私人會議中心以每一個攤位價或每淨平方英尺價計算展覽期間租金，布置攤位和拆場費用另外計算。也有些展場是以每天或半天來計算。

在訂定展場合約時有幾點可以議價：場租、進出場的租金計算、非營利性產品的展覽收費；所有可以考慮節省的費用在簽約前就要談妥。

四、展場設備

會議中心的規格說明和各種設備之提供（是否有柱子、樓梯井、出入口、天花板高度、燈光裝置、冷暖氣口、地面載重和哪種地面）都成爲場地選擇的主要考慮因素。攤位平面圖必須明確標明柱子和其他障礙物，如出入口、樓梯井等。

新的展場通常沒有障礙物，但是存在了一些其他問題——會議中心天花板高度約在二十英尺到五十英尺，甚至更高，而且可能尚未完全完成。飯店中的宴會廳天花板高度約十二英尺至三十五英尺，而且有大的吊燈，天花板太低會影響較高設計的攤位，而且聲音無法擴散。

每一個展場的地面載重量不同，因此必須決定是否要展出很重的設備。大部分會議中心每平方英尺可載重三百磅或者更重，但

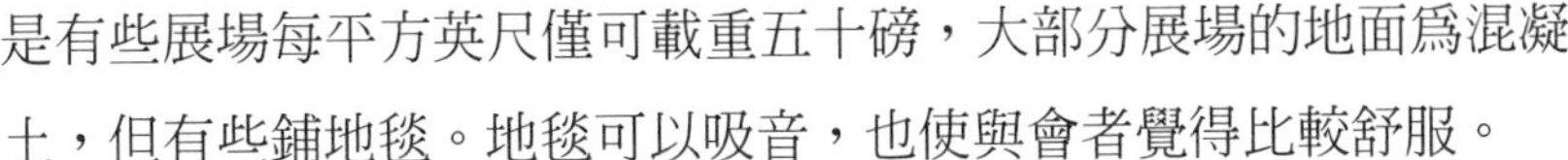

是有些展場每平方英尺僅可載重五十磅，大部分展場的地面爲混凝土，但有些鋪地毯。地毯可以吸音，也使與會者覺得比較舒服。

設備在展場中是必需的，包括燈光、電力，有些展場需要瓦斯、空調、冷熱水、蒸汽和排水，必須瞭解每一種的容量，燈光應用要從七十至一百一十燭光。大部分會議中心有上列設備與容量，而飯店的展覽場可能就沒有。儘量避免使用電力不充足的展場，參展廠商要在自己攤位補充燈光會增加他們的成本。如果在這方面不留意可能會增加成本，而且產生各種問題，故不得不謹慎。

五、展場人員的專業經驗

首先與你接觸的人是業務人員，他們會提供各種會場資料並建議你如何使用展場以符合你的需要。如果這位業務人員經驗不足或對展場瞭解不夠，則可能提供錯誤訊息，例如將日期或場地弄錯。

通常會議中心服務協調人員負責詳細安排，如果這個人有經驗、有組織力且容易溝通，就可以節省你很多時間和努力，並防止可能發生的問題。

其他的人員如維護人員、餐飲人員、展場工作人員等，都可協助你使展覽更爲成功。

如果展覽場地有固定承包商，如展覽裝潢或保全公司，確定這些公司的經驗符合你的需要。

六、展覽場的規定與條例

每一個城市和每一個展覽場的規定和條例都不相同。一般來

說，飯店與私人會議中心爲私人擁有，與會議中心作業方式有很大的不同。會議中心通常由市政府、縣政府擁有和經營，他們的規定和條例是根據政府部門的主要規定，包括防火規定及指定的承包商。

每一個城市的防火規定不相同，但最基本的是每個展區要有適當的出口，不能被展覽擋住，設備和展覽物必須不易燃，除非有個案核准的（如氧氣、汽油及類似東西），一般而言，消防單位一定要先核准展覽平面圖，而且還會指派專門人員在設攤位時和展覽期間來視察是否遵從防火規定。

有些展場有其專門承包的廠商，如電氣工、木工、水管工、裝潢廠商、保全公司、維修服務和餐飲方面，是否一定要使用他們的承包商，應在事先瞭解清楚。例如：是否可使用外面的攤位布置廠商；展場走道區的清潔由展場人員負責，自己攤位的清潔由自己負責；在飯店和私人會議中心，主辦單位必須使用他們的餐飲服務，會議中心也有合約承包商，很少同意外面的餐飲服務。

所有的規定還包括一些特別規定，如禁止指示標誌、停車限制、噪音控制等，要在合約中特別列出，在簽約前要先瞭解清楚。

七、展覽場地的美觀

如果展覽場地需要刷新或者舉辦城市的某一地區需要城市重建，這會造成與會者和展覽廠商對於展覽成功產生質疑，特別注意展覽場的維修，檢視展覽場走道是否清理，有沒有上次展覽留下來的廢棄物，地板、牆壁、玻璃和洗手間是否清潔，環境是非常重要的。

第三節　會議展覽行銷

行銷的第一步是整理預期會參加的廠商名單，再作一份過去的參觀分析表，這個分析表中可大致看出參加者的年齡、地區、對哪類產品有興趣、購買計畫、是否有決定購買權、參加次數、是否參加其他展覽。至少這份資料提供行銷的參考，將參觀展覽的人作區分，如眷屬、新聞人員和參展廠商，在這份資料中顯示的是參加人數，報了名但最後沒出現者不包括在內。

出席人數的分析可以協助你吸引新的參展廠商，以及提供準備參加展覽廠商參考，這份調查表可以自己製作或委託專精展覽的研究公司。

攤位的銷售要有銷售企劃案，包括詳細展覽指南、銷售目標和作業計畫、參觀者和成本。這份企劃案可以印刷精美而文字詳盡，還有圖案設計，也可以是簡單的，最重要的部分是內容，不但介紹展覽而且提供參觀者資料。當你將這份資料分發到公司行號去，他們或許有興趣藉此展覽介紹他們公司的產品或服務。這份資料或許是行銷利器，但是要寄發到合適的人手中才有效益。

一、建立潛在顧客名單

(一) 蒐集潛在顧客名單

首先先從會員中尋找是否有相關服務與商品的會員，再從這些廠商中找到與他們業務相關的廠商，重新再審核一下會員名單，有

些會員有分支組織，或個人會員中所經營的業務，或所工作的公司對這特定對象的展覽有興趣，同時留意有些常在媒體中登廣告的廠商也是你的對象。有些專門從事行銷研究的公司，蒐集了多種行業的廠商名單可以出售（公司名稱、地址的名條）。

(二) 很多參展商也會自行尋找合適的展覽參加

研究顯示，展覽是提供一個最好的行銷機會，而花費又不高，比雜誌、電台、電視廣告、郵寄和個別電話銷售有效果，因此有些籌辦單位會收到一些潛在參展廠商直接來信表示有興趣參展。

(三) 寄發展覽說明書的時效很重要

有些廠商都在會計年度開始編列預算，行銷部門再決定要參加哪些展覽，如果展覽說明資料顯示超出預算，可能就無法參加。在說明書寄發前幾週最好先寄發展覽通知給潛在參展廠商，這樣他們可預期更詳盡的資料。同樣重要的是寄發後要分別列出時間表追蹤，第一次沒有回應並不表示拒絕，第二次再收到相關資料會促使他們動作快一點，或重新再考慮參展的可能性。隨時追蹤是必要的。

其他行銷方式還有將活動展覽內容刊登在相關組織、媒體（新聞稿）或工商會訊中。

二、參展廠商的選擇標準

有些籌辦單位不願意將與展覽主題不相關的廠商包括在內，例如有關醫學展覽，只希望包括藥局、儀器公司或醫學相關雜誌或刊

物，有些不動產、珠寶業或其他與醫學不相關的也想參展，可能被拒絕，所以要將參展廠商範圍明確註明，不要到時候引起糾紛。從一開始就要非常小心處理，並且與參展商隨時溝通。

三、法律方面

參展說明書通常只分送給一些合乎條件的參展廠商，但有些參展商也可能從其他管道獲得。一般來說，任何組織的會員都有權參展，但有很多情況是這些潛在參展商有些是會員，有些並非是會員，而他們對組織有提供產品與服務。如果籌辦單位對於選擇參展商有偏好的話，就會引起某些無法參展的廠商向政府提起訴訟或影響展覽。

最好在參展說明書中註明參展資格及憑這份資料報名攤位，這樣可能會避免問題，一般來說籌辦單位不希望參展廠商的產品或服務與本身參展主題毫無關係。同時籌辦單位對於那些不合格參展商處理也要公平，假如籌辦單位排除那些基本上合乎資格的參展商，就要特別小心處理，否則會引起違反公平競爭條款。

四、參展說明書

一般參展說明書內容大致如下，但順序並不一定如此：

◆展覽主旨

1.主辦單位名稱。

2.大會名稱與展覽名稱。

3.展覽地點、日期。

4.會議形式。

5.聯絡處（聯絡人）電話、名稱、地址。

◆市場定位

1.主辦單位簡介。

2.會員簡介：他們是誰，他們希望看什麼。

3.會員總數。

4.上一次展覽地點、出席者（專業人士還是有興趣的人）。

5.什麼產品與服務會引起參觀者興趣或簡述參展資格，略為註明哪些產品和服務會被接受。

◆展覽說明

1.展覽位置（展覽場地或建築物房間的名字）。

2.進場布置和完成時間。

3.開幕時間、展覽時間。

4.拆場日期、何時要完成拆場。

5.展覽特色。

6.何時接受攤位預定。

◆攤位分配方式

1.先報名先選、指派的、抽籤，或者這次展覽在現場銷售下一次展覽（敘述每種方式）。

2.何時開始分配攤位。

3.何時參展廠商寄回確認函。

◆參展商報名

1.寄發通知參展商報名日期。

2.提前報名的截止日期。

3.現場報名日期、時間。

4.參展廠商免費報名程序。

5.每個攤位限定服務人員（一般為兩位，超過兩位要支付額外費用）。

◆參展廠商住宿安排

1.何日寄出住宿申請表。

2.住宿分配。

◆攤位規格說明

1.攤位設計方式。

2.攤位尺寸。

3.場地高度。

4.地面載重。

5.攤位中基本設備。

6.攤位隔板顏色。

7.攤位地毯和走道地毯顏色。

8.有關島嶼型、半島型、雙層型等不規則攤位的限制。

◆水電瓦斯

1.水電瓦斯都有，收費情形說明。

2.展覽區的燈光（哪種類型燈）。

◆規定與條款

1.主辦單位對於現場拉客、現場銷售、接訂單、分送宣傳品及小紀念品、音量、電視、應用人或動物現場展示或轉租攤位等，訂定一些展覽規定。

2.其他方面規定，例如：展場防火和損壞規定、使用釘子和膠帶等。

◆展覽指定承包商

1.承包商名字、地址、電話、傳真。

2.承包商服務範圍。

3.參展手冊寄發日期。

◆參展商指定承包廠商

1.如果參展商不使用展覽指定承包商而用自己指定的承包商，應在哪一天前提供名字、地址、電話、傳真給展覽經理。

2.保險。

3.提供承包商作業時間表。

◆運送

1.承運商名字、電話、傳真、地址。

2.有關運送資料和收到通知。

3.最早和最晚運送到倉庫日期。

4.運送收費和木箱費用。

5.有關參展廠商自行攜帶東西的說明。

6.涉及國際活動時，有關運送及海關資料及費用。

◆保全

1.主辦單位提供保全範圍和時間，包括進場到出場期間。

2.在當天展覽結束，參展商在攤位區的一些規定。

3.有關包裝運送的規定。

4.參展商東西遺失或損壞。

◆其他可提供之服務

1.可提供服務廠商名字、地址、電話、傳真，如清潔公司、視聽設備、花藝、模特兒。

2.航空機票和租車折扣、停車設備、車輛接送。

3.主辦單位刊物的廣告。

◆展場說明、攤位平面圖和成本

1.平面圖上顯示所有攤位比例、水電瓦斯等。

2.柱子的位置及大小，或其他障礙物。

3.天花板高度。

4.貨運入口的尺寸及樓梯大小。

5.收費標準。

◆付款方式

1.支付訂金。

2.收費截止日期。

3.取消和退款規則。

◆責任和保險

1.拒絕責任。

2.保險。

契約和申請表格這份申請書經參展商簽署後，表示遵守展覽規則、付款方式和確定攤位位置。

◆規則和條款

在參展說明書中要將所有規則註明清楚，有一項重要條款是籌辦單位擁有「統籌管理」的權利，這項條款給予主辦單位適當權限管理展場，如展場聲音不能太吵，主辦單位應預防有些參展廠商從事新聞或媒體活動、舉行彩券或其他競賽、直接在現場銷售；另外，對禮物贈送也要有規定，如行李袋或紀念品。利用模特兒或動物在現場也要有規定，應提供書面文字申請，大部分主辦單位不允許參展商轉租攤位給其他廠商。

◆合約承包商和參展商指定承包商

展覽牽涉範圍很廣，例如：裝潢、貨運、電力、守衛等。有些參展廠商一年可能參加好幾次展覽，可能和攤位承包商簽全年合約。

第四節　參展廠商作業安排

一、展覽攤位承包商

初期展覽攤位承包商稱爲展覽裝潢商，因爲他們僅提供展場平面圖、管線和裝飾、攤位設備（桌、椅）和額外裝潢，後來因爲展覽越趨複雜，因此服務項目也擴大，包括貨運、原料處理、儲藏、標誌、電、水管、電話、勞工及其他特別服務，如今有些展覽攤位承包商的服務範圍還包括視聽器材、人力、花藝、攝影、模特兒和個人保險。這些廠商提供了有價值的專業服務，如果沒有這些專業廠商，主辦單位可能每件事情要委託一個人做，還要花很多時間一一監督，這些廠商減少了主辦單位很多麻煩。

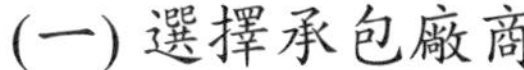

(一) 選擇承包廠商

儘早選擇承包廠商，他們不但可以提供有關展場專業建議和資料，還可以提供很多服務，以加強展覽效果。聯絡幾家承包廠商，請他們提供企劃書，在企劃書中請他們列出過去承辦展覽或會議的名稱，使用場地、日期、參觀人數及展覽規模，並列出下列事項：

1.在攤位上安置管線與裝潢的費用。
2.是否有能力設計平面草圖。
3.報到處和吊掛的指示標誌。
4.走道上地毯費用。
5.遮住不使用的空間。
6.是否可負責郵寄展覽服務手冊給參展廠商。
7.攤位及走道地毯清潔費用。
8.提供給主辦單位的設備與標誌（如辦公室、休息區）折扣。
9.攤位家具（桌、椅）、設備、貨運和勞工費用。

儘量希望那些廠商提供其他的服務，企劃書中要包括一份展覽服務手冊的樣本和平面圖草案。

有些主辦單位與承包商一簽就是幾年合約，有些承包廠商有能力在不同地方展覽，他們可能在各地有下游承包廠商配合。

在評估承包廠商時最好準備一份圖表，以不同類別來作比較，這些包括攤位設置、走道地毯、指示標誌、人力、運送、其他布置等費用。詳細審閱企劃書中提供的免費服務和折扣。有些承包廠會免費提供主題布置、休息區布置，或者某些免費人力、鋪地毯和遮蔽、折扣提供指示標誌或家具，免費提供主辦單位攤位，因爲他們通常是由參展廠商那裡獲益。但是現在參展廠商對於增加參展成本很介意，如果費用太高會降低參展率，因此要多加思考。

除了比較成本外，再看一看其他部分，例如：創意提供設備的品質、人力等，在簽約前最好能全盤瞭解，公司成立時間、打聽使用過其服務後的評價，承包商與場地展覽經理之間關係要密切、易溝通和信任。一個成功的展覽要靠承包商與參展廠商及主辦單位之間的密切關係。

(二) 貨運

有些展覽承包商負責貨運，但也有的是請另外的貨運公司。所謂貨運是將參展的東西由甲地運往展場，結束後再送回去。參展廠商的參展東西就由他們自行負責，在參展手冊中的貨運表格要提供倉儲地址。有些手冊中還附上貨運標籤，所有貨運都要事先付款，貨物先進倉儲，再由展覽承包廠負責運到展場，展覽時會有很多空箱子，將空箱子送還給參展廠商以便展覽結束後再包裝送回。

(三) 設計攤位平面圖

一旦決定展覽承包廠商，就要設計一份攤位平面圖。有些參展經理自己畫，但是較大多數都是由展覽承包廠商設計，再交由主辦單位審核。他們可能會設計幾種不同的平面圖，從中選擇最適合的。每一個主辦單位需求不同，因場地的空間和創意，可以設計無數不同的平面圖。平面草圖中畫出攤位比例和任何障礙物，如柱子、牆面，哪些部分天花板較低或哪些地方限制燈光。要註明出入口、主辦單位區域與展覽連接區域例如報到或會員服務區。另外註明餐飲、洗手間、休息區，因爲參展廠商比較喜歡選擇此附近區

圖8-3　展覽進場前作業
資料來源：安益展覽公司提供。

域，有些參展廠商選擇在餐飲區對面，認爲比較能吸引注意力，有些則不認同，總之，儘量提供足夠資料，不要到時候發現光線不足、天花板太低等。一旦平面圖完成，再交由主辦單位。（如**圖8-3**）

二、展覽合約

主辦單位與參展廠商之間要簽訂一份展覽合約，以保障彼此的權益。

(一) 合約的內容

根據租約同意書，大致包括下列內容：

1.展覽名稱、主辦單位名稱、日期、地點。

2.展覽的權利、義務和參展商選擇。

3.展覽攤位分配方式。

4.基本攤位配置、保全等。

5.燈光、聲音等限制標準。

6.參展說明書中有關規定和條款。

7.回函地址。

8.主辦單位負責展覽的稅款及相關的許可證等。

9.保險。

10.攤位平面圖供參展商先按其喜好作選擇。

11.要有空間讓參展商填寫公司名稱、地址、電話、傳眞、簽名、日期等以便確認。

12.另外有一欄供主辦單位填寫，例如何時收到申請書、何時寄出確認函、攤位租金、訂金、餘款等。

以上大概爲合約的基本內容，參展商要遵守參展說明書規定，如果有參展商不遵守，主辦單位有權執行罰責，合約中也可以包括罰金。

(二) 付款和取消

在合約中有包括支付訂金和尾款，有些主辦單位不需要支付訂金，也有一些要支付10%～50%的訂金，訂金是預防有些參展商訂了攤位，最後又不參加。將取消條款註明清楚，所有取消都必須在規定期限內以書面提出，有些主辦單位會因爲被取消的攤位又重新賣出而全額退回訂金；有些主辦單位規定取消的期限，多半會收取某一百分比的費用；有些主辦單位希望取消的廠商先提早打電話來，以便攤位可以儘早再賣出，隨後再以書面函告。

(三) 責任和保險

在責任條款草案中先要決定誰負展覽的責任，展場毀損、參展商東西遺失或毀損、有人受傷或死亡，這些事件都視狀況而產生法律問題，很多場地租約同意書中，主辦單位都試圖對有人受傷或財務損失歸責於個人。

此外，彼此要決定責任的關係，如主辦單位取消展覽和展場突然不能使用、主辦單位在某一個時間內取消展覽，就要將參展商的訂金退還。在合約中提到是主辦單位退還訂金，並不是實質上的損失（參展商在經濟上的損失）。合約中還應該包括如因火災、風災、地震或其他天然災害而毀壞展場，這是不可抗拒的災害，如果發生這種情形就要立即終止，由主辦單位退回訂金，這些協議最好事先認同。

(四) 申請表設計

其他還包括申請表格，例如參展商填寫出席展覽名單，儘量將表格設計得簡單易讀。這種表格可能要印製三聯式。

三、攤位分配

(一) 攤位分配方式

一般來說，參展商都很注意攤位分配的方式，特別是潛在的參展商，因此攤位分配在參展說明書中要特別敘述清楚，以下是四種常用的方式：

◆先來先選

以參展申請書先收到或郵戳爲憑。最好能根據地區遠近作考慮，先寄地區較遠的再寄較近的，以確定各地收到日期盡可能相同，很多主辦單位使用這種方式，但不接受電話預約，有時會產生困擾的是同一天郵戳接到數份申請函，這時可能要根據哪位參展商訂的攤位多就優先或者會員優先等。

其缺點是：

1.對一些有潛力的參展商，由於參展資料寄得晚而選不到好位置。
2.對於支持多年的參展商，並沒有因爲以前的支持而獲得好處。
3.對有些沒有同時收到資料的展商來說失去了選擇機會。

◆指派

如果採用這種方式就要先建立一些標準，以什麼方法才不會引起參展商反對，例如以攤位承租多寡而定，並且確定日期。

其缺點是：

1.攤位租得比較少及新的參展商很少有機會得到較佳的位置，他們無法趕上那些租多攤位或參展多年的廠商。
2.主辦單位會被迫延誤分派攤位。

◆抽籤

採用這種方式就是將展區編號，進行抽籤，有些主辦單位會將抽籤分成兩種：一種是給承租兩個攤位以上的參展商，另一種是給承租一、兩個攤位的展商。

通常承租兩個攤位以上的展商會要求先抽籤，參展商在寄承租書來時會選擇幾個位置，由展覽經理抽籤，如果希望的位置已經被占了，就要選一個相當的位置給他。另一種抽籤方式是請參展商在某一天來抽籤，那些無法來參加抽籤的廠商在抽籤完以後剩下的，再按先前順序選擇。

其缺點是：

1.很難使所有的參展商在同一天、同一時間參加抽籤。

2.對支持展覽多年的參展商沒有任何好處。

3.讓人有一種差別待遇的感覺。

◆預先銷售

是在這次會議或展覽中出售下次展覽的攤位。

其缺點是：

1.本次參展廠商代表可能沒有權限作選擇。

2.有些無法參加這次會議或展覽的參展商就無法選擇較好的位置。

(二) 法律問題

有些主辦單位因爲攤位分配而涉及法律問題。主辦單位在分配攤位給合格參展商時，應考慮下列幾個因素：

1.參展商過去展出情形。

2.需要多少個攤位。

3.何時收到承租申請書。

4.參展商要求指定位置或相近位置或不同地點。

5.參展商展出何種產品與服務。

(三) 攤位確認

由主辦單位寄出一份正式書面攤位確認書，註明收到訂金金額及尾款支付日期，順便附上報名表、住宿申請表、其他展覽相關資料或附上參展手冊，若參展手冊尚未印好，可隨後再寄。

四、展覽報名

展覽報名也是一項需要特別處理的工作，主辦單位決定好報名程序及相關規定，負責處理報名的人員確實執行，才不至於現場報到時一片混亂，造成不良的印象。

1.參展廠商有幾個人可以免費參加，取決於展覽規模大小，再確定每個攤位需要一個或一個以上之工作人員。有些主辦單位沒有限制，這會造成一種賣方比買方多的情形；另外，沒有限制人數會造成住宿的問題，而有些展場或附近住宿有限。如果參展商還贊助餐飲，可能會依出錢多寡來決定免費人數。

2.有一件事情要注意，一個3公尺×3公尺的攤位有五、六位業務代表，可能使參觀者無法進入攤位內看展覽。如果展覽有幾天時間，可以容許他們輪流。

3.有些主辦單位提供每個攤位特定免費人數，超過這個數目要另外付費。主辦單位依會議的大小或預算來決定免費的內容（包括是否參與活動），有些參展商目的在於參與重要的會議而非展覽，在場地有空的情形下允許他們參與一些特別活

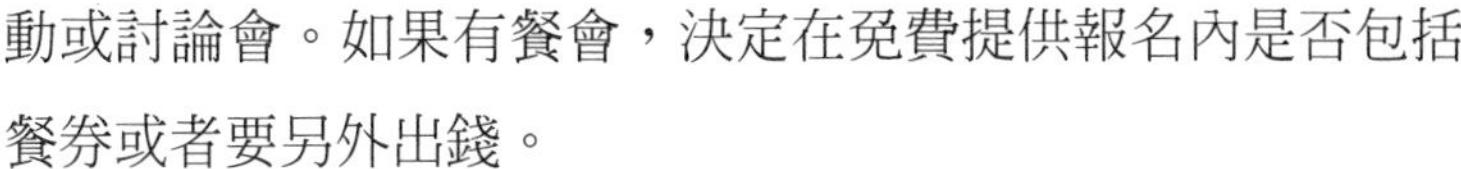

動或討論會。如果有餐會，決定在免費提供報名內是否包括餐券或者要另外出錢。

4.有些主辦單位於特定時間在休息區內提供點心咖啡，也可供參展代表享用。也有些主辦單位會辦一個參展廠商的雞尾酒會來感謝參展商的支持，或許允許廠商代表自費參加和與會者交誼。

5.客戶通行證：很多參展商希望與當地客戶見面，但是他們並沒有參加會議，因此主辦單位會邀請一些客戶免費來參觀展場或只收取少許費用。這些客戶名單是由參展商提供，他們在展覽報到櫃檯領取通行證，通常這種通行證有時效性，可能是某一天的某一時段，避免擠在顚峰時段。

6.參展廠商代表住宿與接待套房：通知參展廠商何時會將住宿表格連同相關分配的細節寄給他們，大部分的情況是參展商可以保留住在大會主要飯店，除非有的會議採用平等機會，在大型會議中主辦單位會指定某一數量房間在主要飯店給參展商，其餘也在周邊飯店。對參展廠商訂房以先來先辦，有些主辦單位會先讓與會者優先訂房，然後再安排參展商的住宿，無論採用哪一種方式，先考慮參展商會需要多少間房間，參展商的住宿表格顏色應該和一般與會者顏色不同，這些訂房記錄也可以作爲以後的參考。

除了住宿房間外，有些參展商會需要接待套房或公共區作爲他們接待與會者之用，爲了避免與大會活動衝突，有些主辦單位對參展商接待與會者有限制，或只在某一日子及時段小規模舉行，有些主辦單位不容許以邀請函方式，因爲有些與會者可能未被邀請。有些主辦單位禁止非參展商保留接待套房，這樣對參展商不公平。

第五節　其他相關事宜安排

安排展覽的確是一件需要專業處理的工作，還有很多相關事宜說明如下：

一、展覽服務手冊

一旦參展商確定，主辦單位或展覽承包商就要提供每家參展商一本展覽服務手冊。

◆內容

1.展覽的名稱。

2.展覽在哪裡舉行、城市名稱。

3.展覽日期，包括進場出場日期。

4.展覽承包商名字、地址、電話、傳眞或其他相關承包商。

5.詳述攤位租金付款方式。

6.如果需要提供材料和服務的程序。

7.敘述展覽的內容。

◆訂購單

1.家具租借。

2.裝潢和地毯。

3.攤位承包公司名稱和其他指示標誌。

4.運輸。

5.安置和拆除勞工。

6.電力。

7.水管。

8.攤位清理。

◆其他相關服務

其他相關服務的訂購單也可附上，這些相關服務包括：

1.電話。

2.視聽設備。

3.攝影。

4.花藝、盆景租借。

5.呼叫裝置。

6.用模特兒現場展示或接待。

二、展覽裝潢

這裡有很多方法可以加強展覽區的布置，例如將柱子裝飾起來、入口處的布置以及天花板上垂下飾品等，走道鋪上地毯不但增加美觀也可以吸音，更讓參觀者走起來比較舒服，空曠的地方也可以用簾子隔開，儘量使展覽區看起來很吸引人，大會主題可不斷地在會議中出現，有各種不同方式，如可在各種標誌中印上Logo。

無論是特別為大會設計的Logo或是主辦單位自己的Logo，重複地在走道、指示標誌或眉目板中出現，加強印象。色彩會產生不可思議的效果，例如：在較熱的季節展覽可採用冷色系，利用地毯和簾子不但可吸音，還可以增加美觀。要特別注意顏色使用要協調柔和不要太對比色。如果空間容許，可在休息區放置舒適的椅子，

儘量使展覽區看起來很舒適，以吸引與會者進入與停留。（如圖8-4、圖8-5）

圖8-4　個別攤位裝潢

資料來源：安益展覽公司提供。

圖8-5　展場現場作業

資料來源：安益展覽公司提供。

三、展覽顧問委員會

讓展覽成爲會議重要的一部分，使參展商有機會直接和與會者交換意見。成立一個展覽顧問委員會，可提供意見，避免錯誤，增加參與者，使展覽更爲成功，主辦單位也可以和參展商之間建立合作關係，使展覽成功。參展商希望展覽成功，因爲這可以提供給他們更多商機，對主辦單位來說則是增加收益和提供會員更多資訊。

成立展覽顧問委員會要慎選委員、定期開會、進行溝通。委員可以從自己的組織中或參展商（包括大／小廠商）共同組成。如果展覽有不同類別，最好每一個類別選出一位委員，至於委員的人數要看預算與實際需要。在展覽期間召開一次委員會相當有利，因爲可以立即解決一些問題或加以改進，委員還可以協助巡視展覽區，看有沒有廠商違反規定。成立展覽顧問委員會最大的好處是增進參展商與主辦單位之間的溝通。

四、後勤現場的支援

現場管理開始於展覽前，展場代表和承包商之間詳細討論每項細節，處理最後發生的事情，從這時候開始到拆場爲止，展覽經理和所有承包商必須根據時間表作業並處理展場無數瑣碎之事。

五、展覽服務承包商

展覽服務承包商是提供主辦單位或參展商所需的東西或服務，並在現場設立一個櫃檯，在展期要有人在此櫃檯服務。

他們一開始的工作是先在展場根據平面圖標示每個攤位，將管子遮蓋起來，然後將展示物以及租借的家具等貨物運進展場。

展覽服務承包商負責監督所有攤位布置、展覽，確定所有水電瓦斯和其他特殊物品都就位。空的木條箱交由貨運公司保留，等到展覽結束再包裝回去。清理完最後再鋪地毯，等地毯清理完作最後的檢查之後，就可以準備開幕。

閉幕完，第一件事就是將地毯移走，然後再將木條箱包裝好，設備準備運走，除了將發票等寄送給參展商外，就算完成展覽工作。

六、參展報到

很多參展商無法事先確定派誰來參加，因此有些事先報名經常會改變。所以在展覽現場設展商報到處是有必要的，而且在進場時就要有報到處一直到展覽期間，參展商或其員工必須要有證件，即使在進場布置時也要工作證或名牌。

在報到處指派充足的人力處理報到相關事宜，包括報到的資料袋、名牌、彩帶、節目表、社交活動入場券，以及其他相關資料。參展商報到都很匆忙，因爲要急著趕到攤位處理布置等工作，這種擁擠現象會發生在展覽前。

七、保全

保全對主辦單位和參展商而言都相當重要，現場有些是職業扒手、工人、參觀者、參展商。僱用專業保全人員巡邏展場，特別是

進場、出場及展覽後的時間，有些主辦單位設計「放行單」，有任何東西搬出要有「經簽署的放行單」，主辦單位在參展說明書中就要說明保全的範圍。保全對主辦單位和參展商都很重要，因此彼此更要相互合作，提供保全人員相關基本資料，如展覽日期、時間、參展商和參觀者的名牌或參觀證，以及東西搬進搬出的規定等。

八、展覽的開幕和閉幕

一般展覽開幕的儀式有剪綵、放彩色汽球或鼓樂隊引導參觀者入場，一個正式的開幕式可以增加參觀者。

每天安排一種特別的閉幕，因爲有些參觀者一直流連忘返，如此可以提醒參觀者儘速離場以便清理。也可以利用廣播在當天關閉前十五分鐘，每五分鐘提醒一次，另外一種方式是請展場關閉一部分燈光，然後陸續關燈，但不要全熄。

九、每日管理

從進場開始，要隨時注意參展商有什麼地方需要協助，同時包括休息區，隨時監督攤位，務必在開幕前完成，拆場的情形亦同。

在展覽進行中也要隨時注意一切是否進行順利，是否遵循主辦單位的規定，不定期去看一看保全人員是否盡職，機靈的保全人員對展覽是一大助力，特別是在擁擠時候的控制與提防小偷，同時也可以協助每天的收場，疏導已看過展覽的人出場，協助剛來的人進場。

隨時巡視有沒有任何違規事件，例如：假如有攤位的音響裝置太大聲而干擾到旁邊的攤位，就要求他們立即降低音量，如果參展商拒絕，主辦單位有權要求其服從，因爲他已牴觸了參展規則。同時還要注意餐區、休息區和公共區，確定這些地方整潔，髒的杯盤要儘速移走，菸灰缸和座椅隨時保持清潔。如果在休息區有提供點心，要確定有送來，雖然這些都是小事，但是卻會影響整個展覽。如果主辦單位計畫每年舉辦展覽，更應該使參展商感覺很好，並請主辦單位重要人士主動與參展商寒暄，如果有安排參展商雞尾酒會的話，就可以請工作人員和展覽主辦人士一起參加。

十、展覽調查

在展覽期間或結束後，立即作一份問卷調查對以後繼續辦展覽有很大的幫助。可以詢問參展商對承包商、場地及展覽本身有什麼意見，在調查表中也可以試探是否考慮參加下一次展覽，或要求提供意見作爲今後改進的方向。

Chapter 9

與會代表的作業安排

籌辦國際會議必定需要安排各國與會代表的旅行事宜，其中包含來台簽證、住宿、交通、餐飲甚至旅遊的安排。有經驗的會議籌辦人會結合專業的旅行社處理以上相關事宜。

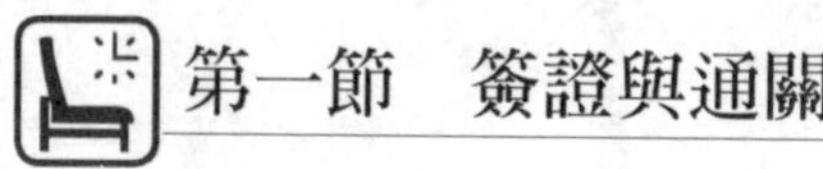

第一節　簽證與通關

國際會議顧名思義有很多國家的代表會到主辦國——你的國家來開會，也就是這些與會代表需要旅行到主辦國，出國旅行的手續必然不可以遺漏，如護照、簽證、機票等。而會議籌辦人有責任提醒將要來開會的國外與會者有關主辦國家政府對於簽證的要求，最好告知去何處辦理，並提供國外簽證機構的地址、電話、E-mail等；同時會議籌辦人還應透過政府有關部會協助與會者順利通關，讓這些與會代表在一踏入主辦國的第一印象就很好，相信這也是一個正面的國民外交。

一、簽證

各國對於入境簽證要求不盡相同，也有些國家到某些國家是不用簽證的，但大部分還是會要求辦理入境簽證或是落地簽證，本節就根據在台灣開會的情況來作說明。

(一) 政府規定

台灣政府規定所有來台旅客必先申請入境簽證方得進入台灣，因此，會議籌辦人應該在會議通告中就將此一規定告知，讓想要來開會的人事先準備，同時順便告訴他們去何處辦理，雖然通常旅行社會協助他們辦理簽證，但也有些國家當地並沒有我國的任何官方辦公室可簽發入境簽證，如印度、尼泊爾，所以會議籌辦人須協助告知對方可於轉機時就近到香港或泰國曼谷辦理，還須將在香港及

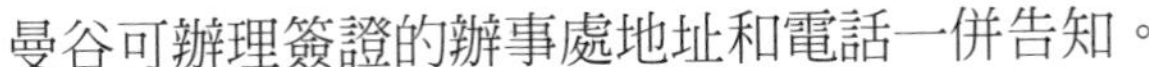
曼谷可辦理簽證的辦事處地址和電話一併告知。

(二) 特殊規定

近幾年台灣政府對於某些國家允許簽發落地簽證，即持有這些國家護照有效期六個月以上，並持有回程機票或下一個目的地的機票及有效簽證，便可在抵台時至機場相關單位辦理，即可給予三十天的入境簽證，就是落地簽證，而不需要事先辦理，但期滿不得延期。可別忘了出發前先檢查自己的護照效期有六個月以上，這些國家目前有捷克、匈牙利、波蘭等三個國家。

現在如果外國人來台灣開會，停留時間不是很長，甚至可以免簽證入境，但同樣要護照效期有六個月以上，並持有回程機票或下一個目的地的機票及有效簽證，即可免簽證，停留期限一樣是三十天，期滿不得延期，此規定目前適用的國家有：美國、日本、加拿大、英國、法國、德國、奧地利、荷蘭、比利時、盧森堡、澳大利亞、紐西蘭、瑞典、西班牙、葡萄牙、哥斯大黎加、希臘、瑞士、義大利、丹麥、芬蘭、挪威、冰島、愛爾蘭、列支敦斯登、摩納哥、馬爾他、新加坡、馬來西亞、韓國等三十個國家。

另外，基於台灣與大陸兩岸的特殊政治關係，大陸人士來台開會通常需較長的申請時間，會議籌辦人應充分瞭解政府相關部門對大陸人士來台的相關規定，例如境內保證人等，方能協助主辦單位儘早辦理，尤其近年來兩岸學術文化交流頻繁，政府相關部門的辦理及審核規定也會配合調整，會議籌辦人更須密切注意。

其他還有一些特定國家來台申請我國的簽證則需先完成擔保手續，即申請人先至我國駐外館處提出簽證申請，並將駐外館處受理後給予之申請號碼（Application Number）通知在我國境內的保證人，這些國家有阿富汗、阿爾及利亞、孟加拉、不丹、迦納、古巴、伊朗、伊拉克、寮國、緬甸、奈及利亞、尼泊爾、巴基斯坦、斯里蘭卡、索馬利亞、敘利亞等國。

(三) 大會邀請函

主辦單位爲了協助與會者能順利拿到來台簽證，通常會依據與會者的要求簽發一張大會正式邀請函，證明此人確實要來參加開會。惟在此一邀請函中必須註明大會並沒有替此人支付機票或住宿費用，以免造成彼此誤解。在會議通告中可以將此訊息列入以供參考。

二、通關

召開一個國際會議對於主辦的國家來說，可說是一個推展國民外交的絕佳機會。而機場海關則是給這些來自世界各地上百人甚至上千人第一印象的地方，所以，通關順利絕對很重要！

(一) 一般與會者通關

會議籌辦人須建議主辦單位函請政府主管部門協調相關部會，針對機場通關事宜給予適度便利，有些大型國際會議主辦單位會要求提供專用櫃檯，但是這樣並不一定會加速通關；另一個作法是會議籌辦人先將大會印製的貼紙寄給那些已報名的與會代表，並告知他們於抵台時將此貼紙貼在身上及行李箱，同時書面告知政府主管部門及海關人員此一作法，如此當與會者通關時海關人員看到這個標誌便可讓他們快速通關。這樣就不必只限定在一個櫃檯，也許會更爲便利。

(二) 特殊禮遇通關

國際會議必然會邀請國際上知名專業人士來演說或發表專題演講，主辦單位通常會招待這些貴賓來回機票及住宿，有的甚至會支付演講費。正因爲如此，更希望遠來貴賓能在一抵達主辦國時就能很順利通關，讓他們帶著良好的印象上台演講，也是很重要的。

同樣地，主辦單位得請政府相關部會協助，要求申請特別通行證，就是由主辦單位的接機人員使用這個通行證進入海關，便可在貴賓一出飛機時迎接與陪同出關，算是特別禮遇的通關。當然，會議籌辦人得將相關手續事先辦好，接待人員及車輛都要安排協調妥當，抵達班機要先確認時間。

(三) 機場服務櫃檯

最好在機場入境大廳設置一個櫃檯，放置大會海報及服務台標誌，於開會前兩天派遣訓練有素的服務人員至少兩人駐守於此，提供交通、飯店或會議相關事宜諮詢及協助，尤其接機及人員、車輛的協調，要求他們定時向主辦單位秘書處回報，以掌握貴賓抵達的情況。

(四) 參展品通關

雖然不常發生，但如果有一些國際廠商參加會議展覽，而主要展示的產品或設備必須從國外公司運送進來參展，通常廠商會要求主辦單位致函主管機關證明這家公司確實參展並需要由國外公司將參展物品空運進來，請求海關予以放行，某些設備還須說明於展覽

結束之後會再行運回，不會留在本國販賣使用，如此才可以順利免稅通關。但是一定要掌握時效提早辦理，否則可能會造成展覽已開始，但展示物品卻未來得及出關的窘境。

第二節　交通與旅遊的安排

參與國際會議即是一種旅行，旅行就牽涉到交通的安排，如飛機或巴士等；旅行就更與旅遊有關，既然到了這個國家來開會，當然應該順道看看這個國家的風景名勝等。

一、交通

在初步考慮過各種會場後，交通是選擇開會地點的一個重要因素，要使參加開會的人越方便抵達會場越好。

(一) 航空運輸

有關航空運輸，有的是與會者自行安排，也有的是由主辦單位選擇一家航空公司作爲大會指定航空公司，而這家航空公司同意特別服務與提供較優惠的價格。

與會者旅行安排可以直接與航空公司相關部門或旅行社接洽，選用指定航空公司或旅行社的好處是可以免費協助廣告（航空公司或旅行社可能同意贊助印製和分送大會通知）、免費或優惠票價給大會工作人員和演講人員，但以訂位數量來決定（例如每十五位來回票訂位送一張機票），另外，免費或優惠運送資料到開會城市，還可以提供人員現場服務、行李牌和個人行程安排。

也有的是依據預期的訂票數量、開會日期和會議地點與航空公司商議折扣票價，但是旅遊業的政策、價格和時間表幾乎每天變動，很多情況很嚴格，如果你改變日期可能會取消優惠或者負擔罰款。

根據對會議旅行安排的經驗選擇一位旅遊顧問或旅行社，一旦會議指定航空公司確定，核對一下會議的時間表和最近班機的情況，讓與會者能符合航空公司優惠票價（大部分航空公司對優惠票價有些限制），如果可能，詳細考慮旅行的優惠及限制後再來設計大會節目。

(二) 遠離市囂的地方

有些時候會議場地的選擇就是爲了要遠離都市或爲休閒目的，因此，當地空中、鐵路或地面運輸服務會很少，先要作調查，車輛往返到最近的機場或車站、當地計程車或大眾運輸系統、包機或汽車等情況下，看預算的多寡，考量所有的情況，如成本、場地是否合適、旅行時間等因素。

如果人數較多可以委託當地運輸公司負責交通問題，不論怎麼安排，每一位與會者都要有一個二十四小時服務緊急聯絡電話，萬一臨時有任何變化，例如：因爲氣候而使飛機、鐵路、車輛延誤等。

(三) 地面交通

從機場、火車站和車站到會場，至少有五種或五種以上地面運輸的方式：當地市公車、機場接送車、飯店免費接送車、計程車和轎車接送，先瞭解每一種交通運輸的價格、作業時間、何種類型車輛等，例如：機場接機車輛若接的人數多，是否每人付的錢少？機場接送車是否有很多路線？如果是，應搭乘哪一號路線？要停留多少站和多少時間？

要事先通知與會者接機費用，多少路程，大約顛峰和離峰時間要等多久，要特別提醒與會者，太早或太晚無法提供地面運輸，並且要提供與會者抵達後到哪裡搭車的資訊。

假如有特別安排一定要通知與會者，告知航空公司或旅行社在某一特定時間內有專車接送，並且通知機場的運輸公司什麼時間是接送的顛峰時間。要求包車在車窗前、後和旁邊貼上標示，以便與會者容易辨認，在機場或車站設置接機櫃檯，由會議工作人員或會議／觀光局人員服務，當然先決條件是預算容許。

(四) 飯店與會場間來回車輛接送

大型會議可能使用多家飯店，因此需要飯店與會場間來回車輛接送。有些主辦單位對與會者每次搭乘收取少許費用，有些主辦單位則免費提供，有些是報名費裡已包括此項服務，有些則是由企業贊助。不管成本是否符合，服務不周密比沒有服務還糟，最好是花費最少的錢做最好的服務，下列指南可供參考：

1.在決定場地前，還得考慮交通路線，如果選擇的場地不在交通路線上是非常不方便的。
2.要求幾家交通運輸公司提出企劃書，提供完整資料作為參考，例如：使用多少間飯店、預定了多少間房間、預估人數、需要使用車輛的日期與時段，以及大致活動的節目表。

3.詢問幾家可能使用的交通運輸公司車輛最低使用小時、每小時多少錢、如何計時（從停車場開始到回去，還是從要求地點算起）、是否可以以每日計算（如上午三小時下午三小時，一天最少六小時）。

4.討論使用哪種車型？是否有空調？每輛車可坐多少人？殘障人士是否可搭乘？車輛維修情形是否良好？

5.是否有調度人員，調度人員是否可直接聯絡駕駛？

6.是否可在飯店設置車輛時間表？是否需要額外收費？

7.車輛萬一發生故障如何處理？

8.萬一有問題向誰聯絡，白天或晚上聯絡電話或手機。

9.交通運輸公司是否有投保？

10.價格是否不會再變動？

請幾家交通運輸公司建議如何才能節省費用，再與會議籌辦人聯絡聽聽他們在同樣城市舉辦時的經驗，也請他們推薦合適的交通運輸公司。一旦選定，和他們討論每家飯店在哪裡上下車，是否飯店周圍有空間讓車輛排列？萬一天氣惡劣，是否有地方讓他們暫避？

在大會開始前，確定每一家飯店人數，需要多少輛車子，最後再確定大會節目是否要調整服務時間，確定每輛車子有明顯標誌及路線，將標誌放在車子窗前、後及車門口，將車輛時間表印在大會節目表和張貼在飯店大廳的指示牌上。

注意車輛使用情形，和交通運輸公司密切配合，隨時因需要而作調整，如果可能第一天最好跟著搭乘一次，看看車輛公司服務如何，要求他們在會議結束後提供一份車輛使用報告，這份報告可以

作爲以後或到其他城市召開會議時的參考。

二、旅遊安排

舉辦一場成功的國際會議除了有精彩的學術演講之外，當然主辦單位還要藉此機會讓國外與會者好好參觀一下這個城市，甚至遊覽著名的風景名勝。因此旅遊的安排也很重要。

(一) 企劃書

最好利用運輸公司的車輛作爲當地旅遊之用，例如在開會時，車輛可以作爲眷屬旅遊之用。無論是否使用同一家車輛公司，旅遊企劃書應與車輛企劃書分開，企劃書中要包括相同資料，例如：最低使用時間、哪一類型車輛、車輛可容納多少人、車況如何，同時還要包括下列資料：

1.旅遊內容與價格。
2.旅遊報價之內容是否包括入場券、午餐、導遊、保險或點心？
3.是否每部車子有一位公司服務人員或導遊陪伴？
4.每一種旅遊最少要多少人？
5.最多是多少人？
6.如果原來計畫去的地方已經被預約，還有沒有備案？
7.人數較少時是否有迷你旅行車？
8.在什麼時間內取消不用付罰款？
9.如果要增加車輛需要多少時間？

(二) 會前會後旅遊

設計會議地點以外的旅遊需要事先準備，光是提供交通運輸是不夠的，與會者希望到一個他們沒有去過的地方（如圖9-1）。儘

台灣民主紀念館（原名為中正紀念堂）

故宮博物院

圖9-1　會議前後安排之旅遊活動

早與大會指定旅行社討論，建議旅遊點和價格，看看選擇的地方是否有吸引力，可以包一班飛機，包機每人負擔較低，但是必須要有足夠的人數。

慎重選擇一家專業旅行社，因爲很少會議籌辦人能議價到比旅行社低的價格，雖然會議籌辦人有很好的構想，但是做起來相當花費時間，有時還不見得做得好，有時沒有任何警訊之下發生政治事件，或者最後一分鐘出現交通運輸罷工，而旅行業的國際資訊和接觸對於緊急事件可以提早獲知，一定要謹慎選擇信用可靠的旅行社，不要到時候發生一團人抵達飯店卻沒有訂房。

爲了要引起與會者的興趣，設計一些不同於一般行程的內容，一開始就要讓人感覺有吸引力的行程，參加人掛名牌較容易辨認，如果航空公司同意配合，提供貴賓接待室或一個單獨地方讓大家初步能彼此認識，飛機或火車上位置最好在一個特定區，事先詢問在餐飲上是否有特別需求與偏好，抵達目的後儘速將行李放置在車上，如果飯店允許，儘快分發房間，有些國家護照集中保管比較方便。

第三節　住宿與餐飲的安排

籌備一場國際會議，安排各國與會者的住宿及餐飲是一項既重要又複雜的工作。大部分與會者都是來自各地，行程不一，因此需要小心謹慎的作業，才不至於一片混亂。餐飲作業也是一樣，尤其安排晚宴，數百人要同時愉快的進餐，千萬馬虎不得！

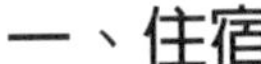

一、住宿

(一) 安排方式

這裡有幾種方法來處理會議的團體住宿，最簡單的方法是由與會者自己安排住宿，但是更有效和考慮經濟利益來說，最好是由主辦單位預定房間，如果不事先保留房間，會產生下列問題：

1.遇到旺季，飯店可能將房間賣出，這樣會迫使與會者住在距離會場較遠的地方。

2.與會者可能拿不到優惠價格，因爲個人無法有議價的能力。

3.會場租金可能較高（如會場也在飯店），通常飯店以預訂房間數多寡來考慮場租可否議價。

(二) 住宿程序

一旦預訂的房間決定後，決定用哪四種基本住宿程序是你需要的：

1.告訴飯店所有與會者住宿經由團體（主辦單位）訂房卡或申請表爲憑。

2.告訴飯店所有訂房以主辦單位的住宿表爲憑證。

3.經由專業會議服務公司代爲處理。

4.經由主辦單位的住宿組人員負責。

(三) 預定會議住宿的方式

會議期間可能需要大量的房間，這些都必須事先預訂，否則會造成住宿方面的問題，特別是遇到旺季，可能找不到房間可以住，在此針對會議住宿的方式分別作說明。

◆訂房卡

如果會議需要住宿的人數不多的話，可以直接向飯店或會議中心索取訂房卡（如表9-1），此卡是免費的。主辦單位隨同會議通知寄上訂房卡再由與會者直接向飯店訂房。

這份訂房卡或申請表亦可按照基本格式事先印製，在印製前先做一份草案請飯店核對房價、訂金等事項是否有誤，通常飯店會希望註明如果訂金沒有收到前無法確認，另外也可以註明是否有任何稅金或服務費。

表9-1　訂房卡樣本

團體名稱：____________
會議名稱：____________
飯店名稱：____________
抵達日期：________ 離開日期：________
客人姓名：________ 同宿人姓名：________
公司名稱：____________

地　　址：____________
電　　話：______ 傳真：______ E-mail：______
抵達時間：____________
房　　價：單人房$______，雙人房$______，套房$______
請寄上一日房價的訂金或提供信用卡相關資料，如果你抵達時間在下午6時以後請預先通知訂房中心，以免房間被取消。本飯店接受下列各種信用卡：
American Express, Visa, Master Card, Diners Club ________
信用卡名稱：________ 卡號：________
有效日期：________ 簽名：________
住宿Check-in時間約下午3:00，Check-out時間為下午12:00
訂房卡必須在___年___月___日前收到，如有任何訂房問題請聯絡本飯店訂房中心，聯絡電話：0800-XXXXXX

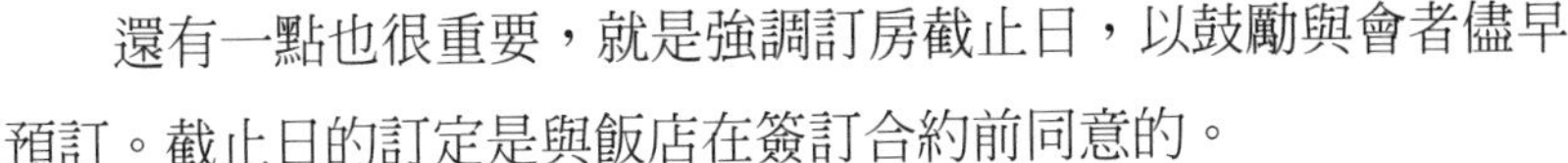

還有一點也很重要，就是強調訂房截止日，以鼓勵與會者儘早預訂。截止日的訂定是與飯店在簽訂合約前同意的。

◆住宿單

住宿單通常使用在小型會議，由主辦單位支付房間費。將一份表格（如**表9-2**）寄給你邀請的人，要求他填寫陪同人員名字、希望住哪種房間、抵達與離開日期，將表格資料填在住宿單中交給飯店，並告訴飯店收款方式，其內容包括：

1.註明房間服務費和稅金由個人或是邀請單位支付。

2.註明雜費由誰負責（如在飯店餐廳用餐、洗衣、電話費等）。

3.房間只保留到抵達日的下午六時，還是由邀請單位全權負責。

表9-2　住宿單樣本

大會名稱：＿＿＿＿＿＿＿＿
主辦單位：＿＿＿＿＿＿＿＿
地　　址：＿＿＿＿＿＿＿＿
聯 絡 人：＿＿＿＿＿＿＿＿　電話：＿＿＿＿＿＿＿＿
傳　　真：＿＿＿＿＿＿＿＿　E-mail：＿＿＿＿＿＿＿＿
類　　別：
A□主辦單位支付房間，稅金和雜費
B□主辦單位支付房間和稅金
C□個人自行負擔

請圈選 □保留房間到下午6時　　□保留所有房間

姓名	類別	單人房 一張床	雙人房 一張大床	雙人房 二張床	套房	抵達日期	離開日期

4.要求飯店在寄上確認信前，先由邀請單位核對後再分別寄給他們。

一旦房數被確定後，住宿局／觀光局會提供一份飯店資料，讓你參考與選擇，然後再由主辦單位與飯店業務代表談房價。

如果可能，最好實際去看一下使用飯店房間的設備，這不但有助於房價的議價，同時提出一些與會者可能會問的問題，請飯店人員答覆，同時也可以瞭解飯店預訂作業和前檯服務情形。

◆特別預訂

有些會議籌辦人在所有預訂房間中保留數間給特定的人或團體，並給予特別處理，例如：總計預訂四百間，四十間爲VIPs（貴賓）使用，其餘三百六十間爲與會代表，使用特別預訂是因爲有些記者和參展廠商都要特別小心處理。

詳細與飯店業務代表討論細節，並訴諸文字，彼此要瞭解：

1.特別預訂多少房間，什麼類別和房價。

2.預訂的作業程序。

3.什麼時限內未使用的房間轉到一般預約中。

在決定特別預訂前，可能需要不同的表格，對參展廠商的表格可以用不同顏色或註明特別截止日，對於貴賓則註明不同身分並由你自己處理他們的住宿安排。

◆工作人員房間預訂和免費房間

在一般與會者住宿安排開始前，先分派好工作人員住宿和免費房間。

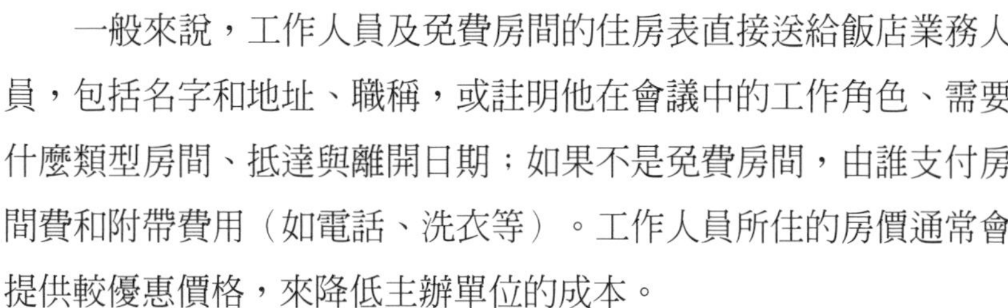

一般來說，工作人員及免費房間的住房表直接送給飯店業務人員，包括名字和地址、職稱，或註明他在會議中的工作角色、需要什麼類型房間、抵達與離開日期；如果不是免費房間，由誰支付房間費和附帶費用（如電話、洗衣等）。工作人員所住的房價通常會提供較優惠價格，來降低主辦單位的成本。

最好註明他們的身分，因為飯店經常根據你這份住房表提供貴賓特別禮遇（如送水果、小禮物等），你可能也希望飯店將確認函直接給你，由你核對無誤後再寄給貴賓或工作人員。

(四) 住宿表格的內容

住宿表格通常由會議籌辦人草擬、由主辦單位印製，但準備表格前先確認有關作業原則，例如：截止收件日、確認回函寄給主辦單位或飯店、是否接受電話詢問。

雖然有些住宿表格對某一特定團體要求一些額外資料，一般標準表格包括下列的內容：

1.主辦單位名稱。
2.會議名稱。
3.會議日期。
4.會議地點。
5.收件截止日期。
6.確認函回信地址。
7.各飯店的房價。
8.稅金明細。
9.飯店的地理位置圖。（如圖9-2）

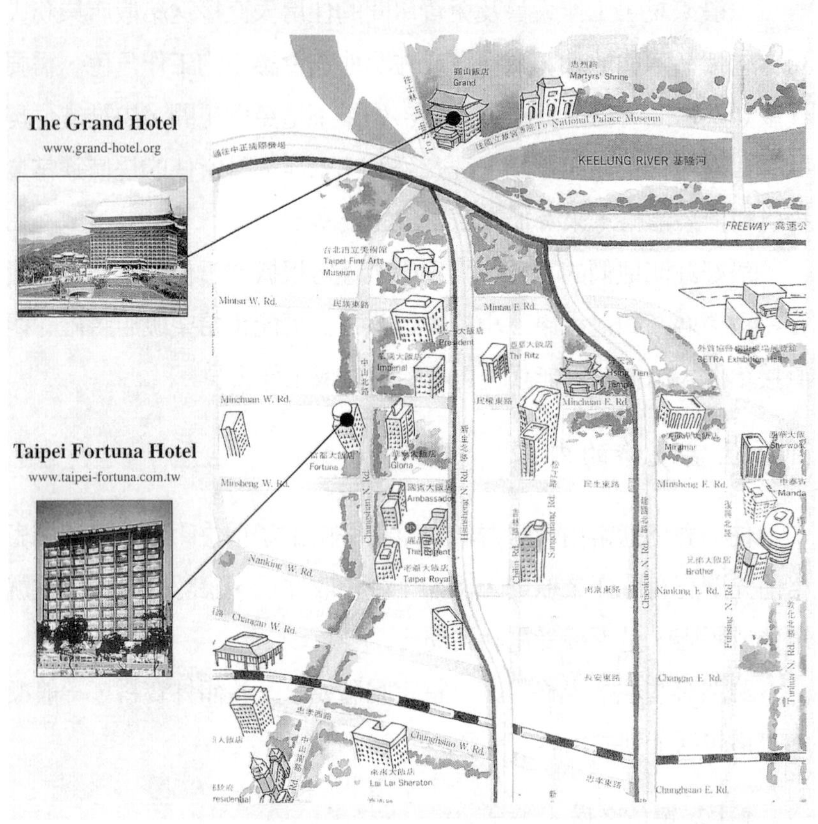

圖9-2　住宿飯店位置圖

10.註明項目：

(1) 選擇飯店偏好。

(2) 哪種類型房間。

(3) 訂房人名字。

(4)抵達日期時間。

(5)離開日期。

11.註明訂金支付。

12.註明有關取消和更改處理方法。

13.註明什麼時候由誰寄發確認函。

14.註明接受或不接受電話詢問和預訂。

15.如果接受信用卡，註明哪種信用卡、號碼、到期日和簽字。

16.塡寫名字、地址、電話，以便寄發確認函。

17.爲了避免誤解，如果在表格中沒有註明房間類型時，最好提供住宿資料。

(1)單人房：一個人住，一張床。

(2)二人房：二個人住，一張床。

(3) 雙人房：二個人住，二張床。

住宿表格請參見**圖9-3**。

(五) 作業程序

基本上，住宿安排是相當複雜與耗時的工作，記錄有關各類房間的存量、回答各種問題、解決個人住宿問題，以及將住房報告轉給飯店與會議籌辦人，所有作業程序務必儘量快速與準確。最好去拜訪飯店，熟悉他們的作業程序，例如如何處理截止日以後的住房預訂。

◆場地視察

如果決定自行處理住宿，工作人員一定要對於使用飯店的設備特別瞭解，要帶領負責住宿的工作人員到飯店，由各飯店業務人員一一介紹，以便到時候回答與會者的問題。

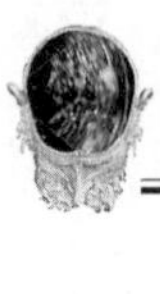

Hotel Reservation Form

Please complete and return this form to:
The 8th NSRG and ASPAT
c/o Idea Intercon Management Ltd.

7F, 394 Keelung Road, Sec. 1, Taipei 110, Taiwan
Tel: 886-2-2723-2213, 886-2-2758-5450 ext. 215
Fax: 886-2-2729-0720, 886-2-2729-4948
e-mail: sherry@uniplan.com.tw
http://www.stroke.org.tw

For secretariat use only
Reg. No:

Please type or print: (Make copies if needed)

Name: ________ First (Given) ________ Middle ________ Family

Institution/Organization ________

Address: ________

City: ________ Zip: ________ Country: ________

Office Tel: ________ Office Fax: ________ E-mail: ________

Name of accompanying person, if any:
☐ Mr. ☐ Ms. ________ First (Given) ________ Middle ________ Family

HOTEL	SINGLE	TWIN
☐ **A. THE GRAND HOTEL**		
A-1 Gold Dragon (Deluxe)	☐ **NT$5,200**	☐ **NT$5,200**
A-2 Chi-lin Pavilion (Deluxe)	☐ **NT$4,550**	☐ **NT$4,550**
A-3 Main Building (Budget Room)	☐ **NT$3,300**	
☐ **B. TAIPEI FORTUNA HOTEL**	☐ **NT$2,400**	

*The aforementioned prices include VAT and service charge without breakfast

Choice : First ________ Second ________ Third ________
Room type : Single ________ Twin ________
Arrival date : ________ Departure date : ________

****One night deposit is required for all reservation; the current exchange rate is approximately US$1= NT$32.50 as of January 31, 1999.**

Payment :
I would like to pay an one-night deposit to : ☐ The Grand Hotel ☐ Taipei Fortuna Hotel
Card : ☐ VISA ☐ Master Card ☐ JCB ☐ American Express
Card Number: ☐☐☐☐ – ☐☐☐☐ – ☐☐☐☐ – ☐☐☐☐
Expiration Date: ________
Cardholder's Name: ________ Signature: ________

15

圖9-3　住宿表格

◆確認

通知與會者收到他們的住宿表格和確認他們的房間，有些主辦單位並不通知與會者收到他們的住宿表格，而是由飯店直接寄發確認函。最好收到住宿資料時立即寄發收到通知，因爲有些飯店比較晚才寄發確認函。

經常從會議籌辦人那裡聽到的抱怨是爲什麼已經過一段時間還沒有收到確認函。這時候與會者已經打長途電話到主辦單位詢問，或者已打電話到他第一選擇的飯店去查詢，也可能他第一選擇的飯店沒分配到，與會者會接二連三打電話詢問其房間分配的情形，因此回函通知或儘快確認房間可減少長途電話的往返。另外，如果你能儘速處理也可以減少詢問的電話，爲了減少不必要的電話，最好註明在收到住宿表格後多少天內回覆。

◆住宿報告

所謂住宿報告是在一段時間內各飯店訂房情形的摘要，在報告中顯示總計預訂多少間飯店、每個飯店多少房間、多少間房間已經被訂、還有多少間沒有被訂、多久才提供一次住宿報告。所提供的名單可按照與會者名字、國家、單位、到達日期或地理位置排列。大會結束後，會議籌辦人應會提供一份完整的各飯店住宿報告，也可要求各飯店提供他們的住宿報告相互對照，看看有多少人臨時取消和no-show，以及有哪些人最後才直接向飯店訂房。

◆完成房間預訂

一旦決定了使用的飯店，飯店訂房表格和住宿作業單會寄給各飯店。飯店的合約書中詳細記載了價格和房間類型，爲了使作業有效率，飯店給的價格要確定，而不是在某個價格範圍之間。

很多飯店不熟悉主辦單位住宿委員會的作業方式，因此附上詳細說明給飯店，這樣飯店就能知道，所有訂房和取消還是要轉回來。取消訂房可以重新分配，儘量使訂房保持原來預訂的。只有住宿委員會有權接受訂房，如果飯店也接受訂房會造成重複現象，這是會議籌辦人的惡夢。

(六) 住宿服務

大型國際會議參加人數高達上千人甚至有上萬人，預訂房間是相當耗時又耗人力的工作，在國外有住宿局（Housing Bureau）協助，住宿局通常在會議局下面，專門提供國外與會者住宿方面的協助，由於屬於政府機構，因此可提供免費服務，但不是每個國家都有住宿局。有些國家有住宿服務公司，可提供住宿服務，但要支付服務費。如果沒有以上兩種服務，主辦單位必須自行成立住宿委員會來處理國外與會代表的住宿事宜，以下分別針對這三種服務內容作說明。

◆住宿局

通常大型會議才會使用住宿局的服務，有些國家沒有住宿局，但是也有當地觀光局可提供這項服務，而這項服務也通常免費，會議局提供這項服務的前提是至少要使用某一定數量的飯店。例如，至少使用三間飯店和三千間房間。少於這個數目時，建議你使用住宿卡直接由飯店負責。但是仍然有例外情況，觀光局會同意負責住宿方面事項；首先你要提供下列資料：

1.過去訂房數量（實際房間數與預定房間數）。
2.預期需要多少間房間。

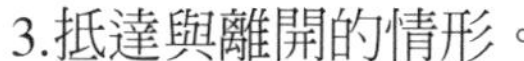

3.抵達與離開的情形。

4.成本考量（與會者對預算的考量）。

5.對位置的偏好（大部分飯店與會場彼此在步行範圍內）。

6.如果現在的與會者有不同於以前的偏好時，告訴觀光局。

台灣目前沒有住宿局，而觀光局也因爲人力有限，無法提供上項服務。

◆住宿服務公司

在國外有一些公司提供住宿服務，大部分是旅行業者，他們將機票、飯店住宿變成一個travel package；但是也有一些公司專門提供住宿服務而並不牽涉旅遊，但這種服務公司是要收費的。

基本服務內容：處理住宿卡（表格）、確認函、報表，有些公司可安排會後住宿，這通常不包含在訂房報告，並提供人員在會議現場服務，以確定住房（check-in）與退房（check-out）順利進行。在台灣，仍由主辦單位自行處理或交給會議籌辦人代爲與各飯店接洽。

◆自行成立住宿委員會

以上兩種住宿服務比較適合大型國際會議，但是對中小型會議，仍然要提供國外與會者住宿服務，因此要自行成立住宿委員會。雖然如此，有些主辦單位對於大型國際會議仍然自行成立住宿委員會，爲何如此？有幾個因素：全盤控制住宿程序，立即掌握各飯店住房情形，立即掌握免費房間數目，最重要的還是直接服務客戶，如果會員中有任何問題或特別需求可以立即處理。

二、餐飲

在大會期間通常需要安排餐飲和宴會，在安排前必須先瞭解：(1)飯店或會議中心的場地可能無法一次容納所有人吃飯；(2)茶點休息時間可以幫助與會者集中精神應付下一場會議；(3)安排午餐可使出席人員不會因爲到外面吃飯而不參加下午的會議；(4)如果節目太多，且正式時段都已排滿，則可以安排在吃飯時間作特別演講；(5)邀請當地高級人士參加社交活動節目，可以引起媒體的注意與報導；(6)有些特殊的活動（special parties）可以提高出席率；(7)社交互動是學習過程和專業成長中很重要的一環。

(一) 餐飲的種類

◆早餐

大陸式早餐較簡單，同時促使與會者儘早吃完早餐參加上午的研討會，有時將早餐食物放置會議室外或入口處，自己取用，菜單內容大致爲咖啡、牛奶、茶、甜餅、鬆餅或牛角麵包、奶油、果醬（如果是站著吃的自助式，甜餅要切成小塊，這樣就不需要刀叉），與會者自己取用，飲料由服務人員服務。

爲了要確定服務順暢，一百個人一個餐台，一位服務人員，如果有一百二十人時最好有兩個餐台。

一般來說，大陸式早餐時間約一個小時，很多人多半在早餐服務結束前十五至二十分鐘抵達用餐。爲了避免瓶頸，確定這段時間有充足的人力。不要將餐台放置在主要出入口，且放置充足的垃圾桶。

茶點

一般的錯誤是將茶點時間弄得太短，因爲有的時候很難掌握研討會結束時間，但是茶點必須在會議預定結束前十五分鐘前準備完成，至少每一位服務人員服務一百位與會者，如果人數超過七十五位，爲了使服務更有效，將奶精、糖、檸檬片、茶匙放置在距離點心六英尺的地方，在茶點未開始前將飲料打開20%，注意要放置足夠的飲料瓶罐桶，如果人數衆多時，將飲料瓶罐桶放置在出入口較遠的地方，以免擁擠。

茶點通常是咖啡、茶、飲料，如果是夏天最好增加一些冰茶，如50%熱的飲料和50%冰的飲料，下午時段可改變爲35%的熱飲和65%的冰飲。

由於健康和減肥關係，茶點也帶進一些新東西，包括新鮮水果、奶酪（yogurt）、果汁，下午時段提供一些不同的東西，如蘇打冰淇淋或者餅乾。有些比較有創意的宴會經理可能建議你提供不同主題的東西。

人數計算越正確越好，如果臨時要增加，廚房作業可能來不及，而且延誤時間。

在第一次休息時要注意消耗量和剩餘量，根據你的觀察，第二天的數量可以作調整，茶點費用有的依人頭或使用量計算，咖啡以桶或點心以打計算較經濟。

◆午餐

爲了使與會者能繼續留在會場，主辦單位在預算許可的情形下最好提供午餐，午餐的內容不需要太複雜，只要能吃飽即可，簡單的盒餐或三明治都可以，如果預算充裕當然可以提供簡單的自助

餐。自助餐座位安排及餐台的放置相當重要，餐台不要放置在太靠近出入口處，餐台四周空間要足夠，以便取用和增加食物，在大型活動時最好有兩個人站在門口指引，更快速的方法是將甜點和主要食物分開，或者在提供咖啡時將甜點放在推車裡。通常會議的午餐時間如果不是很長，主辦單位所提供的午餐則須採便利省時的方式較爲實際。

◆晚宴

在國際會議中，主要的晚宴大致可分爲「歡迎酒會」與「惜別晚宴」兩種。歡迎酒會通常在會議開幕前一天晚上舉行，由主辦單位宴請與會代表，餐飲形式多半採自助餐方式，目的是讓與會代表在酒會中與老朋友敘舊，並認識新朋友。近十幾年來台灣也召開了很多國際會議，也有歡迎酒會的形式採用民俗節目與傳統中華小吃結合，如台南擔仔麵、春捲、炒米粉等，與會者可以一面吃東西，一面與朋友交談，甚至可以走動式地看表演，這種方式普遍獲得國外與會代表很好的反應。

惜別晚宴通常在會議結束的前一天晚上或是當天晚上舉行，餐飲的形式採桌餐，與會者必須著正式服裝。惜別晚宴的餐費，有些是包括在報名費中，有些要另外購買餐券。由於惜別晚宴的場地、節目與菜色都要求很高，因此餐券定價也不便宜，大約在八十至一百美元之間。在台灣，惜別晚宴多採中式菜餚，這也是展現中華美食的最佳時機。（如圖9-4）

圖9-4　會議的晚宴

(二) 菜單設計

◆菜單設計

主菜單設計要看預算的多寡，另外看宴會經理的創意，並且詢問準備經過，有些主菜的名字你並不瞭解，萬一對方建議的都不合適，可要求其提供更多的建議。如果晚上有晚宴的話，午餐可以簡單一點，在正式晚宴中最好避免選擇相同的菜色，與宴會經理討論價格及決定選擇什麼樣的菜單，如果預算是首要考量的話，不要選擇不是季節性的食物，每一個城市都有當地的食物和水果。

最好在討論菜單時也請飯店主廚一起參與，主廚會很樂意提供意見，同時告訴你拿手菜和廚房裡有存量的東西，不要以上次在什麼飯店同樣晚宴的價格來比較，因爲每一個地方食物與人力價格不同。如果不知菜色是否好看，可以請廚師實際做一道，這樣可以幫你做決定，也可以讓你知道需要多少時間，但是服務一個人和兩個人甚至上百人都不同。

◆裝飾

有關餐台上的裝飾可和飯店宴會人員討論，可以裝飾花、冰雕、特殊燈光，先以預算爲主，例如：冰雕費用高而且只能用一次，花可能在第二天的活動中還可以使用，有些飯店的宴會人員會免費提供綠色植物及大燭台，同時也會安排音樂和視聽器材。

與宴會經理討論餐台布置和桌布的顏色，如果有訂花，要告訴宴會經理是誰提供的、什麼時候送到。

瞭解當地防火規則，是否禁止用蠟燭，如果使用蠟燭，必須確定蠟燭都亮，室內燈光微暗。

◆服務

與宴會經理討論什麼樣的服務品質是可以預期的，一位服務人員服務幾桌，要求服務人員在介紹和演講時退出房間或站在後面，要求一位服務組長在菜都送完後仍留在房間，可能現場有人需要協助，同時也要知道房間的電話在哪裡。

(三) 酒類

在餐會中提供酒類也要看預算，進口酒並不一定就有好品質，但價格貴，請宴會經理介紹幾種並嘗一嘗，哪一種最合適，保守估計每八個人喝三瓶，一瓶大約是三至四人。在台灣，通常以啤酒及紹興酒較普遍。

◆酒類消費計算方式

在酒會中對於酒的消費有幾種計算方法：

1.現金支付（cash bar）：客人直接支付酒費或以票券方式向調酒師取用。票的價格有全部相同或不同，如酒、啤酒、飲料，很多飯店會要求基本數量與時間，如果不到這個數量和時間也會要求支付基本數量和時間。另外，對調酒師或出納員的費用是以酒的消耗量來算。每一杯價格是否包括小費，最好事先都能弄清楚，點心方面要另外計算。

2.由主辦單位支付：要看每一家飯店的政策，你可以選擇下列三種方式支付，以每人、每杯、每瓶計算，但無法告訴你哪一種方式最好，唯有靠你的經驗以及瞭解與會者的喜好。

(1) 以個人計算（by the person）：在每一個時段中（一小時或二小時）不論選擇哪種飲料都以個人計算，價格可以只有飲料或也有包括點心。事先要給予一個保證數量或在門口收票。

(2) 以每杯計算（by the drink）：支付每杯費用，包括酒本身價格、稅金、小費和調酒師個人費用的總計，在人數較多的時候，最好主辦單位給每位與會者票券，再以票券的數目來支付。

(3) 以每瓶計算（by the bottle）：以開瓶數量來計算，會議籌辦人要控制，儘量每瓶倒完再開，確定總計多少瓶，結束後再清點剩餘多少瓶，已經開瓶而沒有用完的只好自己留著，以實際使用多少瓶計算。

◆一般飲料消耗指南

在自行支付的酒會中，飲料消耗量會較低於由主辦單位支付。如果是在一天會議結束後的酒會中，大概有50%的人會留下來，一小時自行支付酒費的活動大概每人消耗1.5杯，當酒會還有點心時，80%與會者會留下來，一小時每人大概平均消耗2～2.5杯，一小時半約3～3.5杯。這是以美國爲例，東方國家人民酒的消耗量比較低。

對那些不喝酒的人，一般來說多半不準備啤酒或酒類（除非主辦單位要求），而只有飲料（包括減肥和無咖啡因蘇打水）或水果酒，不同種類的紅白酒也可以提供。

酒會中的各種點心視預算而定，如果預算低，可以提供小點心，如果預算高，各種冷熱點心都有。

如果酒會在一天會議結束後立即舉行，如下午五時至六時，食物消耗量會少於在上午六時至七時舉行，當與會者回到房間換了衣服略作休息下來參加酒會，通常吃喝都會增加，酒會時點心較少飲料較多，因爲接著就有晚餐，很多客人將飲料帶到晚餐桌。

(四) 餐飲的規劃

餐飲可以是坐著由服務人員送食物過來或採自助餐方式，如果在餐會中還安排演講，以服務人員送餐的方式比較好，一般服務人員送餐的價格比自助餐高，自助餐食物種類較多，因爲較難控制食物量，比服務人員送餐較花時間。這些都需要好好地規劃。

◆細則

將下列的核對清單交給宴會經理能幫助活動圓滿順利：

1.預計多少人？

2.選擇什麼顏色的桌巾與餐巾（選擇一種或多種顏色）？

3.主桌和其他桌要如何擺飾？

4.多少人坐在主桌？主桌需要放在舞台上嗎？

5.主桌是否需要講台和麥克風？

6.講台位置在哪裡？需要哪種麥克風？

7.主桌是否也要供餐，有哪些名流在餐後才來？

8.如果採用自助餐，主桌人也自行取用，還是請服務人員先給他們盤子？

9.是否需要預留其他位子給貴賓（如果需要，在邀請函中就要告訴他們桌號或者派人在門口迎接）？

10.是否要收取餐券？事先告訴宴會經理並提供「餐券樣本」。

11.如果來的人沒有餐券應如何處理？

12.是否在主桌的人也要求給餐券？

13.是否在宴會廳外面放置報到桌或接待桌？在主桌旁是否要放置獎品桌？

14.晚宴的菜單、節目表是否放在桌上或是在入口處分發？

15.是否另外需要一個房間讓貴賓們在晚餐前休息？

16.是否有人節食或需要素食等特別安排，如果有最好事先告知。

17.是否要掛banner？

18.是否需要衣帽間？

19.受獎人坐在主桌還是台下，如果是後者，是否要替他們預留位子？他們如何上台？

20.當受獎人上台時是否需要投射燈，燈光打在演講者或司儀？

21.是否要演奏國歌？如果需要，可能要國旗。

22.是否要安置視聽設備？

23.是否需要背景音樂或跳舞音樂？是否演奏者坐在舞台上？

24.是否有表演節目？舞台大小是否足夠？如果有表演，舞台尺寸和高度多少？

25.舞台四周是否要裙邊？要不要鋪設地毯？

26.是否需要預演？何時？

27.什麼時候開門讓客人進來？

28.每一程序的時間安排、前奏音樂或表演、用餐時間、正式節目和演講、跳舞等。

29.洗手間在哪裡，如果門口仍有人看守時，如何讓上洗手間的人回來？

◆主題節目

主題節目可以很簡單只有一個樂隊表演，或盡心安排特別節目。如果預算允許，就可以特別設計，有時常以會議當地特色作爲主題，飯店或會議中心宴會人員可能留存一些當地主題的東西，如果需要可以借用，這樣布置費用就比較節省，如果預算不足，就將主題放在食物上，如「美食之旅」。

與宴會經理討論「主題」，他們有各種不同主題的活動，可建議以前做得很成功的案例，同樣的創新概念，如果你對布置或娛樂節目沒有概念，宴會人員可以一起包辦。如果由自己負責，通知宴會人員所有安排都是外包，如節目、背景、特殊家具、燈光、視聽設備，並告訴他們什麼時候會來布置、舞台放在哪裡、什麼時候拆除。

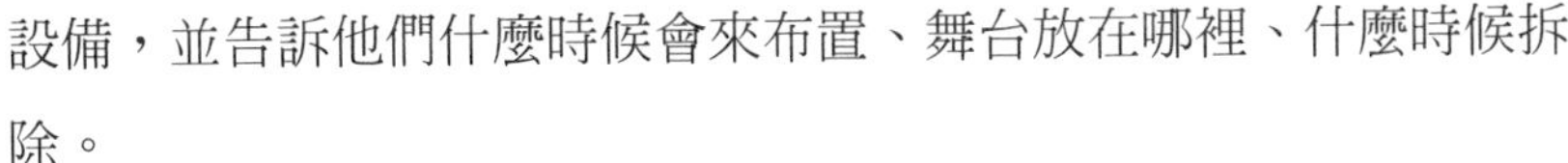

主題活動的位置圖（layout）特別重要，避免擁擠在入口，餐飲部分也要畫一份平面圖，顯示每個位置需要多少空間。以主題來設計通知函、邀請函和指示牌。

◆會議中心的餐飲

以往會議中心的餐飲項目有限，只有「點心」，現在越來越多的會議中心以簽約方式引進全套餐飲服務，目的是要和飯店競爭，爲開會與展覽團體提供服務。（如圖9-5）

最先要考慮的是會議中心廚房的位置，供菜的路線如何？在大型活動時，廚房與宴會地點距離很遠可能是一個重大的錯誤。討論基本服務需求，如咖啡和點心怎麼安排，大型會議在短時間要提供上千人食物，詳細與會議中心代表和合約商討論，或許可以考慮由飯店承辦外燴。也要瞭解會議中心是否可供酒，有時只允許在某一

圖9-5　會議中心的餐飲安排

時間內使用。有些會議中心主辦單位還要申請臨時許可證提供啤酒和酒類。

台北國際會議中心在餐飲方面可以提供全套服務，而且很有經驗，只要將需求告知宴會經理，即能做妥善的安排。

◆會場以外地方的餐飲

有時會議籌辦人會選擇會議中心或飯店以外的地方舉辦活動，如博物館或市政廳。這些地方可能有其專門的餐飲服務，如果沒有，詢問以前曾經辦過的餐飲服務，再從他們那裡獲取資訊，慎選適合的餐飲服務是相當重要的，因爲那些地方原本不是用來作爲餐會的場地，大部分的場地沒有廚房與設備，如何保持食物的溫度，而且桌椅、桌巾所有東西都要運過來。在這種地方舉行活動不僅費時、複雜，價格也可能較高。舉辦會場以外地方的活動要考慮以下的需求：

1.安排交通運輸（如果需要）、租車費用、活動結束後在哪裡上車？
2.要帶什麼東西？他們是否有桌、椅、講台、桌巾、餐具、衣架、冰箱、飲水器？電插頭是否足夠？
3.洗手間是否足夠？位置在哪裡？
4.是否有冷暖空調設備？
5.如果在戶外，天氣惡劣時有什麼備用方案？
6.是否允許供應酒？
7.是否有足夠的準備食物區？
8.是否要額外支付清潔費用？
9.通常要支付餐飲承包商和場地訂金，要彼此簽約，將條款內

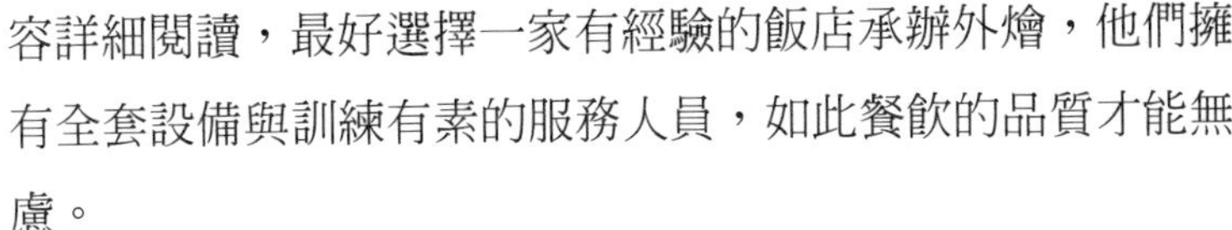

容詳細閱讀，最好選擇一家有經驗的飯店承辦外燴，他們擁有全套設備與訓練有素的服務人員，如此餐飲的品質才能無慮。

◆成本控制

餐飲成本除了食物之外還包括採購、會場座位布置、服務、清潔和燈光、視聽設備等，所以議價空間很小。要求提供幾種不同菜單，再討論菜單內容。如果在同時間還有其他活動，使用相同菜單是否較便宜，在茶點時間（coffee break）使用紙杯是否比使用瓷器便宜？

重要的是內部控制，如果報名費中包括餐飲，最好使用餐券，因爲有些人並不一定參加所有活動，以餐券比較準確。如果能確定出席人數，將會減少浪費，這是一個慣例，如果人數在某一定數目之下仍要以基本數計算，預算通常在餐飲決定前編列，詢問宴會經理這樣會比編列預算增加多少百分比。

很多沒有經驗的人編列預算時忘了包含稅金和小費，如果是請大會重要人士來負責選擇菜單，最好價格已包括稅金和小費。

◆保證數量

宴會經理通常會要求在活動前四十八小時給予保證數量，雖然有時活動在星期一或星期二，但是會要求你在週末前確定保證數量，如果需要較多時間決定名單或在現場售票，可能同意在四十八小時前提出保證數量，而在二十四小時前給予最後確定數量，但是絕對不能少於二十四小時。慣例來說有個彈性，比例約3%～5%，基本上來說通常會多準備5%的分量，例如保證二百人會準備二百一十份，不要忘記加上主桌及工作人員。

第四節　社交節目的安排

除了會議節目內容外，在會議期間是否有社交及娛樂節目也成爲會議吸引人參加的因素之一。

文化和體育活動可增加與會者之間的友誼，與會者往往在非正式活動場合彼此交換意見與學習。因此，設計有趣的接待方式和社交節目不但能增加出席率而且還可以增強形象，有些精心設計的節目能使與會眷屬玩得盡興，也是大會的一種成功。

一、社交節目種類

(一) 眷屬節目

與會者的眷屬們都受過良好教育並經常旅行，他們期望的是有內容、有創意的節目，而不像以前的服裝表演及餐敘而已。而且與會者不僅帶眷屬，有時連同子女一起，因此設計一些價格不高的會中旅行，使子女也隨同父母參加。也有些未婚但帶旅行同伴一起參加，因此要事先設計節目，讓所有與會者與其家屬都留下深刻及難忘的印象。

(二) 藝文活動

藝文節目可以將當地音樂會、歌劇、芭蕾或戲劇加進去，安排這種節目並不容易，因爲有些好節目在一年前要預訂，而計畫必須在會前一年半著手，而且也不一定保證可買到票。有兩種方式可以試試看：對某一些表演預訂一些位子或是買下一些票，但後者會有風險，因爲主辦單位要靠出售的票來支付票款，往往因爲各種節目人數不足，有些劇院同意保留票到某一日子，過了這個日子，票將公開出售。另一種方式是主辦單位提供所有大會期間藝文活動資訊，由他們自行訂購，內容包括：演出時間、日期、地點、票價、接受何種信用卡、劇院地址和電話。

(三) 體育活動和競賽節目

事先計畫和專業協助，使休閒活動和會議一樣辦得成功，其計畫的過程和會議相同：預算編列、報名、交通安排和宣傳。想要舉辦一場成功的體育活動，需要專業人士的意見和協助，另外需要懂得體育活動的會員和義工協助，這些活動在會前或會後舉行，一般比較常辦的是高爾夫和網球賽。（如圖9-6）

圖9-6　會議後可安排球類比賽活動

◆高爾夫球賽

在幾個月前和高爾夫球場聯絡，告訴他們大約有多少人，參考前次人數並討論有關細節。如果高爾夫球賽費用自付的話，要先報名登記與繳費，並告知桿弟，有些參加的人會特別註明要選打球對手，但這有時會變成棘手的問題，不一定能做到；並希望打球人告知什麼時候打、寄回函卡日期、交通安排和其他特別事項。

◆網球

因爲參加球員無法同時間一起容納在球場，所以事先與網球專家或球場經理討論可以提供多少球場，並記錄參加球員個人球技程度，請教網球專家或球場經理討論比賽細節。

二、設計社交節目

在設計節目時，最好先參考過去資料及與會者的興趣，最好每年都有變化，也可以考慮重複使用較受歡迎的節目再加上一些新的節目，還可以考慮市區觀光、教育性研討或觀摩、工藝，或幽默和娛樂節目也可以包括在內（如圖9-7），當地會員可以提供講員的名字和有趣的主題，大部分當地大學、劇院和民間社團有這種人才，利用當地講員可以節省旅行費用，酬勞也很合理。

節目的多寡取決於預期的人數，但盡可能多樣化，有短時間或長時間旅遊（會前或會後；有些包括午餐，有些不包括）、室內研討會或演講、自行去購物的資料（如百貨公司名稱、當地城市地圖），如果預算允許，爲與會者眷屬舉辦一場酒會或早餐會，讓他們彼此有機會見老朋友與結交新朋友。

圖9-7　會議中可設計一些工藝活動

你希望節目成功，就必須設計不同的節目以符合不同的需求，可經由問卷調查、參考過去紀錄，再作一份參加人員家庭成員的年齡、工作經驗、平均收入、教育背景和特殊興趣分析表，看看以前哪些節目最受歡迎，但節目要有變化， 如果大會每年都在同一城市舉行，相同的人參加，或每年不斷地增加人數，則要設計不同的節目。

三、節目宣傳

節目宣傳資料可以隨著會議資料一起寄出，或者另外分開寄，後者效果較佳，資料中除了一般會議外，還要鼓勵他們與家人分享節目內容，引起他們一起參加的欲望。

第一，提供完整的節目內容和報名表，節目介紹內容如下：

1.歡迎詞。

2.簡略介紹旅遊和其他活動內容，包括出發地點和時間。

3.報名費及程序。

4.旅遊和活動各項價格。

5.預定票和取消的方式及規定。

6.舉辦城市介紹。

7.氣候和衣著。

8.未包括在節目中的其他旅遊點介紹。

9.哪裡可以買到有關運動和藝文節目的入場券，而不包括在正式節目中。

10.預先報名的表格和旅遊或活動購票。

第二，越早提供資料給與會者越好安排，可以鼓勵提前報名，對那些晚報名的人提高報名費。同時訂定一個合理退款或取消政策，在大會通知時就要寫明，例如退票要在活動前四十八小時前退，如果事先聲明沒有退費政策，在現場安排一個轉賣櫃檯協助轉賣，事先決定是否要將名牌或票券先寄給與會者，有些主辦單位比較喜歡這樣做，因爲可以減少現場排隊，有些主辦單位喜歡現場分發，是避免有些人忘了帶名牌或票券。

四、選擇旅遊規劃人

會議籌辦人可能希望指派一位工作人員或義工協助安排旅遊，無論如何安排，旅遊是相當繁重的工作，找一家專業旅行社可以節省很多時間和打無數電話。而且他們有經驗、有管道去設計一些特

別的旅遊。很多旅遊公司還可提供車輛、導遊、機場接待工作人員、在報名處和飯店接待等服務。

儘早選定旅遊公司，讓他們有足夠的時間去設計節目、宣傳，讓與會者儘早決定，甚至某些活動要事先購票。並要求他們提出企劃案，提供詳細資料，例如：預期參加人數、年齡、興趣等方面，請他們提供下列需求：

1.建議的旅遊與節目。
2.提案中旅遊目前的價格。
3.如果可能漲價，預期漲價比例。
4.所有報價在哪一天要確定。
5.車輛最少幾輛、最多幾輛。
6.車輛容量和車況。
7.每一項旅遊在多久前確定。
8.什麼時候取消一項旅遊不付罰款。
9.導遊的品質（他們是否經驗足夠、機智和有組織力）。

五、預算

一般來說眷屬節目可提高出席率，因此有些主辦單位全額負擔或者補助一部分，不足部分向參加者收取一些費用。有些是將費用包括在報名費中或以售票方式。有些主辦單位尋找贊助單位，如參展廠商或相關企業，例如贊助歡迎酒會。視會議性質，大部分的廠商都非常樂意協助，特別是能在公開宣傳上接受表揚，無論節目是有補助或自行負擔的，都要編列預算，控制成本，瞭解收入與支出。

預算內容包括以下各項：

1.旅遊成本：包括導遊費、入場券、餐飲、稅金和小費、車資。
2.表演人員費用、交通和日常費用。
3.接待室的費用：報到台、設備、人員費、餐飲、花藝、標示。
4.名牌、名牌盒、收據、禮物、資料袋。
5.印刷和郵寄節目宣傳單。
6.其他費用，如視聽器材、麥克風或其他特殊設備等。
7.報名費、售票和企業資助等收入。

很多旅遊公司報價以每個人為基礎，而旅遊宣傳資料在保證人數尚未決定前印製，在這種情況下，詢問旅遊公司可能漲價的情形，有些主辦單位會給一個保證數目，在旅遊訂價上最好預估高一點。而室內節目可計算成本，如表演費用、設備等，再將總數除以預計人數，算出每張票價。

六、相關安排

(一) 接待房間

不管參加眷屬節目的人數多少，應該準備一個地方讓他們可以休息、拿取資料、喝杯咖啡、與老朋友和新朋友打個招呼，主辦單位這樣安排會獲得他們的好感，接待房間要舒適，儘量靠近會議活動區，而且眷屬可能會在這裡逗留很久。

視預算與接待房間的空間，最好能安置一些沙發，可讓他們交談，如果會談的特色是在於展覽，則可要求展覽承包商提供桌椅並收取適當租金；如果在飯店，在許可情況下，移一些桌椅到接待區，並放置鮮花。準備一些點心、咖啡、茶和飲料，上午可以增加一些果汁、牛角麵包，下午準備一些餅乾，如果有吃的東西，最好放在場地後面，以免入口處太擁擠，要隨時注意補充食物及清理杯盤。

當地自願工作者可以在接待房間協助，他們對當地瞭解而且有經驗，對當地現有活動也很清楚，由他們來接待最爲適合，並且安排一個時間表，讓一、二位當地會員代表以主人身分接待，也可以邀請籌備委員的另一半代表接待。

對於報到人員或售票人員可僱用臨時人員，但事先要讓他們瞭解所有細節。要求他們提早半小時至一小時到達。將當地地圖、餐廳、戲院、博物館和觀光點資料提供給與會者參考，其他還包括購物、百貨公司等，也有主辦單位會先向一些百貨公司、餐廳協議，對大會代表提供折扣，這些資料也一併提供，在接待房間設置一個布告欄，以便彼此留言，安置一具電話，安排一位義工協助幫忙，並聯絡一些事情。

(二) 托嬰服務

有些主辦單位著重於全家參加，所以要設想到托嬰，現今單親家庭越來越多，如果會議安排在春天或夏天，而會議地點又靠近休閒區或娛樂區，就會吸引很多兒童一起參加，是否要鼓勵全家參加就由主辦單位決定。

有些飯店也有托兒服務，這些服務人員可能是飯店兼職或沒有上班的人員利用時間來打工賺錢。

社交與娛樂節目安排得好，會引起與會者與其眷屬對主辦單位給予正面肯定，有時事前並沒有特別安排這方面的節目，在會議期間提供這方面的資訊也會讓他們玩得盡興。在事先和現場提供餐廳娛樂、體育活動，讓他們在空閒的時間看看和玩玩。

Part 5 會議期間的工作執行

前階段的準備工作在這個時候全部派上用場，也就是在會議期間的短短幾天執行會議前所規劃的所有準備事項。

Chapter 10

會期中的作業安排

會議期間的工作便是要將籌備期所規劃的種種事宜一一呈現出來，如果籌備工作不夠完善，此時便會顯現出混亂的現象。

 第一節　會前協調會的安排

會議安排的每一個步驟都非常重要，但是一個會議成功與否最後還是決定於執行，務必讓每一位工作人員都詳細瞭解他們的工作內容與責任。

會議籌辦人是會議的靈魂人物，將工作分層負責，如果會議籌辦人的指示不夠清楚與完整或交辦太晚，都會成爲會議安排的夢魘，不管你事前準備多周全。

一、與場地人員協調

你提供的資料一定要完整，並附上最初的合約內容，以及之前彼此協調的書信、大會節目、座位安排等，這些資料必須要在會前協調會最少四個星期前寄給場地負責人員，在這四個星期中與場地負責人員溝通協調，在雙方沒有問題後，將資料內容重新編寫，再經雙方最後確認無誤後，分給場地每位負責員工，這個內容沒有一定的範本，但是一定要詳細完整。會議籌辦人不能提供太多或太少資料，三個最基本的方法是：

(一)以簡述方式

簡述方式有兩部分，第一部分是先列出大致程序，第二部分再詳述大會節目，每一項的日期、時間、房間、座位安排等，**表10-1**的樣本是根據飯店會議及訂房情況所作之會前協調內容。

每項活動都要有簡述表和說明以及拆場，BEO意思爲banquet

表10-1　會前協調（簡述方式）

第一部分

2003年10月25日
備忘錄
受文者：Alison Tsai, Account Manager, Grand Hotel
發文者：Sherry Shen, Meeting Planner, Taiwan Stroke Society
會議名稱：8th Meeting of the Neurosonology Research Group of the World Federation of Neurology，簡稱NSRG）
會期：2003年11月2日至6日
預期參加人數：500人（60%為國內與會者）
房間預訂：2003年11月2日180人
2003年11月3日200人
2003年11月4日200人
2003年11月5日200人
2003年11月6日100人會議結束離開
房價：與會者：US$170單人房
US$180雙人房
演講者：US$150單人或雙人房
預約方式：與會者根據訂房卡，工作人員和演講者住房名單已在2003年10月20日寄給Sherry Shen。
免費房間：同意每50間訂房就有一間免費房間是依據2003年5月1日和Sherry Shen之間的協議。
Check-in/out：11月2日下午及晚上是Check-in的高峰，指派足夠人員在報名櫃台，貴賓Check-in在副理櫃台。
結帳：房價、稅金及個人費用由與會者自付，所有宴會的費用在Taiwan Stroke Society名下支付，將所有明細表和發票寄到
Taiwan Stroke Society
c/o Idea Intercon Management Ltd.
Attention: Sherry Shen, Marketing Director
7F, 394, Keelung Rd., Sec. 1, Taipei, Taiwan
授權簽署人：Shan-Jin Ryu, M.D. President
Kei-Yee Lee, Vice President
Wen-Jan Wong, Secretary General
特別禮遇：以下人士以貴賓禮遇
Dr. & Mrs. G. M. von Reutern
Dr. R.G.A. Ackerstaff

（續）表10-1　會前協調（簡述方式）

Dr. Eva Bartels
Dr. David Russell
Dr. Hiroshi Furuhata
以上人士給予特別Check-in並贈送飯店禮品

會議期間辦公室：12F, The Grand Ballroom
進場2003年11月2日上午7:00
辦公時間：11月2日至5日
上午8:00-下午6:00

報到處：Ballroom Foyer

時間：11月2日下午12:00-下午6:00
11月3日上午8:00-下午5:00
11月4日上午8:00-下午5:00
11月5日上午8:00-下午5:00

展覽：有（咖啡點心時間及中午時間參觀）

餐飲：咖啡點心高峰時間：上午7:00-8:00；上午10:00-10:30；下午3:20-3:50
全體午餐（11/3-6）
晚餐（11/2歡迎酒會；11/4蒙古烤肉；11/6惜別晚宴）

房間服務（Room Service）：儘量少用

電話：在會期辦公時間內所有關於會議電話都轉接到辦公室，有關電話使用要經Sherry核准，飯店免費提供辦公室電話。

保全：每天大會結束後委由飯店人員鎖門，並由樓層管理人員協助負責安全。

車輛：委由飯店合約交通運輸公司協助。

視聽器材：除了銀幕外其他視聽器材由ABC Co.提供，飯店同意免費提供一個講台型麥克風和三個桌上型麥克風在研討會房間和午餐房間。飯店免費提供燈光控制器在Ballroom。

工程：如果有需要，在11月2日上午9時在Ballroom 房間提供電力和電腦用延長線，11月3日在Ballroom 提供燈光控制器。

清潔房間：請特別留意以下幾位住套房的貴賓，名字如下
Dr. & Mrs. G. M. von Reutern
Dr. R.G.A. Ackerstaff
Dr. Eva Bartels
Dr. David Russell
Dr. Hiroshi Furuhata

收貨：在11月1日1大約有40盒Taiwan Stroke Society會議資料會運抵會場，請於11月2日上午8:00送抵12F, Grand Ballroom。

（續）表10-1　會前協調（簡述方式）

第二部分	
會議行程表／座位安排	
11月2日	
上午8:00起24小時內	12F，左側為NSRG會議秘書處 6張6"×3"鋪上圍裙桌子 1個大垃圾桶 3個小垃圾桶 辦公室門口一個架子 電話分機（House extension） 冰水／杯子
中午12:00-下午6:00 （中午12:00前布置好）	Ballroom Foyer——報到 4張6"×3"鋪上圍裙桌子 6張椅子，4個架子 4個垃圾桶 1個白板／筆 冰水／杯子
下午1:30-2:00	Grand Ballroom——大會開幕
下午2:00-4:40	研討會 舞台左右兩側放置銀幕 舞台右放置3人座主桌，3支麥克風，桌上放置水杯及礦泉水 有燈的講台放在左角邊，夾式麥克風1支在講台，雷射筆1支 450位教室型座位中央走道，桌上放置水杯，4個直立式麥克風在走道中央及兩側
下午3:00-3:20	咖啡點心
11月3-6日	
白天到晚上	12F，左側為NSRG會議秘書處 布置與器具不變
上午8:00-下午5:00	Ballroom Foyer——報到 布置與器具不變
上午7:30-8:30	Ground Floor 西餐廳——演講者早餐
上午10:00-10:30	
下午3:00-3:20	咖啡點心

event order（宴會訂單），會議籌辦人常用各種不同的術語和簡寫，這沒有一定標準，使用的術語一定要對方能瞭解。給會議中心的簡述表也相同，另外詳細指示保全、燈光、公共區域清潔、交通接送站牌等。

有些會議籌辦人僅簡單提供每一個房間的座位安排，依場地時間先後排列再附上一份整個活動的時間表。

(二)提供設備／餐飲確認單

◆利用設備／餐飲確認單

有些會議籌辦人比較喜歡用設備／餐飲確認單（如表10-2）作爲「會議的聖經」。格式各有不同，有一種格式是散裝並按照時間說明每項活動或座位安排，這種格式比較受一般人喜歡，因爲比較容易增加或減少，事先設計好表格可減少錯誤和被省略重要部分。

◆利用會場格式

不論會議籌辦人提供什麼形式的資料，會場服務人員會將這些資料詳細瞭解後轉成他們常用的格式，分送給會場相關的工作人員。有些會議籌辦人就利用會場人員的格式，比較不會出錯。

◆餐飲

如果採用設備／餐飲確認單，餐飲訂單也包含在每項活動表格。要按一般性指示一步一步正確地做：

1.先將檔案拿出來整理，對照同意書或合約，以及所有往來信件的注意事項。

2.集中節目資料和大會主席、演講人的需要。

表10-2　會前協調（設備／餐飲確認單）

設備／餐飲確認單

日期 ______________________ 活動編號 ______________________

場地 ______________________ 房間 ______________________

活動名稱 ______________________ 時段（自）______（至）______

出席人數 ____________ □指示架放在會場門口 ____________

座位安排：□劇院型　□教室型　□圓桌型

視聽器材：放置視聽設備桌子、桌布、裙圍（尺寸）________

電源插座（數量）________

□2×2幻燈機　□投影機　□放映機（VHS／Beta）

□銀幕（尺寸）________　□放映技術人員　□雷射指示器

□講台式麥克風#________　□桌上型麥克風#________

□直立式麥克風#________　□夾式麥克風#________

Markers：□音響工程師　□燈光工程師　□燈光／音響工程師　□其他____

講台設備：□舞台尺寸____　□舞台鋪地毯四周加裙圍　□主桌、桌布、裙圍（尺寸）____　□主桌、多少個座位____　□直立有燈光講台　□講台上放置茶水　□主桌台上放置茶水　□白板／筆／板擦　□Flip Chart & Markers

□插座（數量）　主桌____講台____□其他____　□盆花#____位置____

餐飲／茶點安排：

茶點

時間（上午）____　人數____　時間（下午）____　人數____

餐飲

□午餐　時間____　人數____　□酒會　時間____　人數____

□晚宴　時間____　人數____

負責人：______________________________

副本送：______________________________

3.提供一般性指示和同意書的摘要。

4.指示要簡單扼要。

5.利用實際場地作爲方向指示，講台及其他設備應放在哪裡。

6.以圖爲主。

7.附上各種平面圖。

8.要非常詳細。

9.在四個星期前寄給會場負責人員，雙方確認。

10.要求他們確認後提供一份影本，再作最後檢查。

11.如果有任何修正或增加要立即以電話告知。

12.在會前要和相關人員召開一次協調會。

13.將現場所有的資料留下來供下次會議參考。

在台灣，國際會議比較集中在台北市舉辦，因此，會議籌辦人通常都是與會場服務人員面對面直接溝通。

(三)視聽器材租借單

向視聽器材承租商租借時，不要只提供租用項目，最好將會議中有關設備資料都提供，以避免問題產生，例如：在租借單子中可能提到幻燈機和銀幕在上午十時會議室A需要，但是實際上是從早上開始可能就被放置在那裡，而在整個節目中又顯示那個房間在上午七時三十分起作爲早餐之地，幻燈機可能必須在早餐之前放置或者在休息時間安置。

整個會場座位安排、舞台、講台、主桌和出入口處所有資料，在設置舞台前要先和視聽器材承包商討論，他們會根據會場提供建議，會場人員也要知道幻燈機和銀幕放置在哪些房間和其位置。

視聽器材有些包括安排在座位中或者分開的，如果要用外面的視聽器材承包商，必須指示非常明確。有些會議籌辦人將演講者需要的設備表格連同場地說明單和平面圖一併提供給承包商；有些是準備視聽器材流程表，註明哪個房間、哪一天、什麼時候需要設備，同樣地，將視聽器材訂單和大會手冊及一般資料在四個星期前提供給承包商，如果有爲演講者準備講員準備室，要瞭解提供操作人員的費用。

二、指示標誌的放置與製作

前面我們提到各類服務如交通運輸、展覽布置及其他服務，還有一項沒有包括，即在會議現場需要指示方向及其他標誌，這對會議承辦來說通常是最後一項，因爲在會議節目尙未完全定案前沒有辦法先製作。通常會場會提供指示標誌，但是特別製作的指示標誌（印有大會名稱及logo）可讓與會者看得很清楚，因爲這個目的，以一個專業會議籌辦人的觀點來看，要讓與會者不會迷路，故在各處以指示標誌指引，讓與會者跟著標誌就可以抵達會場。

(一)指示標誌的放置

以下幾個地方應設置指示標誌：(1)辦公室和服務區；(2)報到處和服務處；(3)會議室標示；(4)交通車窗口和車站處；(5)大會詢問處；(6)會場入口處。

◆辦公室和服務區

主辦單位在會場辦公室和服務區需要相同尺寸和顏色、相同字型及簡單字句的指示標誌，尺寸大小要根據會場海報架大小來決定，所有字體都大寫，爲了能使用多次，不要寫房間名字或房間號碼，建議要有大會logo，使人容易辨認。

◆報到處和服務處

此處的指示標誌要夠大而且容易閱讀，爲了節省錢而做小尺寸的標誌，最後會形成浪費。放置指示標誌的架子要離地面六英尺才能看見，如果可能用掛的方式也很好。

◆會議室標示

有些會場的會議室名稱及號碼因爲太小而不易看到，所以會議籌辦人可在每一間房間貼上一張標誌，顏色和格式最好能統一，尺寸大小依實際需要而定。

◆交通車窗口和車站處

因交通車窗口貼標誌的空間有限，所以只能在每一輛車上貼上大會標誌，因爲車輛更換較頻繁，因此多製作一些8.5英寸×11英寸的標誌，以備隨時可用。車站標誌至少要22英寸×28英寸，才適合戶外，而且這個標誌要能防水，萬一下雨也不受影響。

◆大會詢問處

此處是很重要的地方，標誌一定要醒目，標誌除了作爲指示地點外，還有一些標誌是公布一些特殊會議或促銷不同活動，避免在會場放置太多標誌。

◆會場入口處

此處的指示標誌也非常重要，醒目的指示標誌使與會者能很快找到會議地點，特別是在飯店舉行的會議，如果指示標誌不清楚，

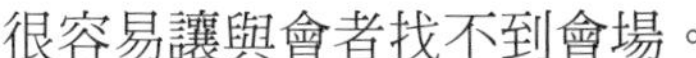

很容易讓與會者找不到會場。

(二)指示標誌的製作

◆標誌規格

選用什麼樣的材料做標誌要視實際情況而定，它是否可以重複使用？尺寸、費用多少？因此最好對其材料有所瞭解。如果是長期使用的標誌可以用樹脂玻璃、薄木夾板或金屬製作，這些材料有各種不同的顏色和尺寸。當然現在用電腦輸出指示海報已很普遍，也很快速，但價錢較高。

訂購標誌時要包括詳細資料：

1.尺寸。
2.底色。
3.字體顏色。
4.內容。
5.類型要垂直還是平行。
6.數量。
7.安置在哪裡。
8.何時交貨。

所有字體要用打的，不是用手寫，以避免錯誤，附上一張平面圖告知每一個標誌的位置，要七天以前送交製作。如果有展覽的話，可以委請展覽承包商製作，而且可能還有折扣。當然承包商也可以在會前二十四小時內製作標誌，但是費用會較高。

三、工作人員工作時間表和注意事項

由會議籌辦人完全負責現場安排幾乎是不可能的，所以必須要委由主辦單位的工作人員一起協助，特別是大型會議，在同一時間內舉行各場研討會，必須指派一位工作人員負責一間會議室，查看會議室座位安排、器材、茶水等是否都準備好，以下是每位工作人員工作時間表範例：

(一)每日工作時間表

負責人：Sally Lin

11月2日

上午9:00　集合，走一圈飯店（會場）瞭解所有活動、餐飲等位置。

上午10:00　集中所有資料向報名人員解說中午12:00報名情形。放置標誌牌。

上午10:30　確定臨時辦公室是否布置妥當、電話是否安裝好。

上午11:30　辦公室的設備是否弄好，辦公室在下午1:30開放。

中午12:00　報到櫃台開始作業。

11月3日

上午7:00　在Winter Room委員早餐會（上午7:30開始）。

中午11:30　在Winter Room執行委員會午餐會（12:00開始）。

中午12:00　午餐時間。

下午2:00　　在指定房間準備下午3:00會前檢討會，確定座位安排。

花費一些時間爲每一位工作人員製作一份工作時間表，非常有用。即使那位工作人員已經相當熟悉與瞭解整個會議作業狀況，還是可以避免有些現場可能發生的狀況。

(二)操作手冊

彙總所有資料、記錄、綱要、合約等內容，再用簡單扼要的文字書寫，作爲每位工作人員之現場操作手冊；將會場和承包商的名字、電話號碼列上，每間會議室座位安排、進出場時間、視聽器材都列在手冊上。操作手冊就像一本參考書，裡面包括所有與會議安排相關的資料，它不但是一本檢視表而且還是資料來源，一旦現場發生緊急事情時可參考處理。

◆日誌

包括兩種，一種是按時間順序，另一種是按字母次序排列各項正式活動、會議、餐會、酒會和其他活動，註明日期、時間、地點和活動名稱。

◆指南

這份指南中包括主辦單位委員及工作人員名字，在哪個飯店、電話和房間號碼，一份指南提供在會後緊急聯絡或留言，同樣也包括承包商公司名稱、聯絡人名字、地址和電話號碼，甚至包括家裡電話號碼和地址，另外還可以設計「會議服務指南」，將所有活動按字母順序列出來，如：眷屬報名、視聽器材、旅遊券或裝潢服務等，註明每項服務的電話號碼和地點。

◆會議規定

有些是有關是否允許小孩參加開會或展覽、如何收費、會議期間的通行證，如眷屬、助理和朋友如何處理，使用照相機、錄音和其他裝置的規定。

◆餐飲

註明各種活動餐飲地點、菜色、服務時間，甚至保證餐飲數量也包括在內。

◆場地安排說明和設備租借

在前面已介紹過報名處、辦公室、展覽、研討會在會場各處，什麼時間開始使用，每個地方進場和出場的時間，將這份資料給會場人員、裝潢、視聽和其他承包商。

◆平面圖和各會議室配置圖

所有家具放置在辦公室、報到處，利用這份資料到現場檢查是否安置妥當。

 第二節　秘書處設立與大會資料運送

會議主辦單位在籌備會議期間會設立一個秘書處來統籌處理所有相關事宜，作爲對外聯絡的單一窗口，所以也可以將秘書處設在會議顧問公司的辦公室。會議期間就把這個秘書處的相關資料運送至會場，通常應在會場租一間小辦公室或會議室當作秘書處使用，作爲會期間的聯絡處及辦公室。

一、秘書處設立

秘書處是會議主辦單位對外聯絡的窗口，也是所有籌備工作進行的辦公室。會議籌備期間秘書處設在主辦單位或會議顧問公司的辦公室；會期開始前一天則須將整個秘書處移至會場運作。

(一)秘書處的功能

秘書處的設立對於會議籌備工作有很重要的影響，因爲它能夠發揮以下功能，讓會議的籌備工作順利推動：

1. 提供主辦單位或籌備委員聯絡事情的窗口。
2. 是大會的聯絡處，所有文件、書信、詢問或承包商相關事宜，都由此統一聯絡。
3. 是大會行政辦公室，處理文書工作、印刷及推廣事宜。
4. 處理大會的報名事宜，如報名表處理、費用代收／確認等。
5. 處理大會財務方面預算之估計、調整、控制及簿記、決算表之製作。

(二)設立會期間秘書處

事先在會場規劃一處合適的地方作爲大會現場辦公室之用，有的會議中心會提供會議籌辦人一間辦公室，但不一定適合當作秘書處使用，因此通常會另外租用一間小會議室充當秘書處。 秘書處應如何設立，有以下幾點要注意：

◆秘書處的位置

最好離會議室不要太遠，以方便聯絡，但也要有一點隱密，讓秘書處人員工作能不受干擾。

◆秘書處的規劃

選定秘書處位置之後，根據這個房間的平面圖，會議籌辦人應著手規劃如何設立會期間的秘書處。秘書處所需設備有：

1.工作桌、椅子數把。
2.沙發、茶几一組。
3.電話。
4.電腦、印表機。
5.飲水器。
6.垃圾桶。
7.影印機。
8.傳眞機。

◆與會議中心會場人員協調

針對設立會場秘書處相關事宜，有很多地方需要與會議中心或會場人員協調，方能順利進行所規劃的秘書處。

首先應將位置平面圖連同所需設備清單事先交與會議中心或會場人員（有些設備主辦單位自行準備應要註明），並經過協調討論後，會議中心或會場人員會根據所提供的資料作內部工作指示分派，並提出費用報價——如果所需設備需要租金的話。

◆秘書處人員安排

因爲會議籌辦人或主辦單位人員在會場時經常要跑來跑去，但他們仍然以秘書處作爲聯絡站，所以秘書處必須有人駐守，而且最少要兩個人才能互相支援。選擇駐守秘書處的工作人員必須著重其接待、應對、語言及秘書工作經驗，會前必要經過仔細訓練使其瞭解工作內容；工作內容包括：

1. 接聽電話及留言。
2. 操作電腦、文書作業。
3. 聯絡交通或餐飲事宜。
4. 接待籌備委員或講員。
5. 協助支援報到事宜。
6. 一般事務之協助。

二、大會資料運送

在會議正式開始前一個月左右，大會秘書處將會非常忙碌，因爲所有的準備工作及資料將移至會場。秘書處相關工作人員及會議籌辦人都需投入這最後的準備工作。

(一)運送資料至會場

會前得將所有大會相關資料、用品打包，並列好清單運到會場秘書處，還要事先預訂小貨車載運這些物品，因此最好預估一下大約會打包多少箱子，才知道要用多大的車子、費用多少。

告知貨運公司於何時至何處將東西運送到會場什麼地方、交給什麼人；並約定何時再來將剩餘物品運回辦公室。當然一定要記得先請貨運公司估價。

(二)運送物品清單

務必將要運送的資料及物品列出清單，最好註明要放在何處、哪組人員要使用等，以方便清點及歸位。物品大致包含：

1.報名表檔案。
2.報到資料——名牌、證書、餐券等。
3.資料袋。
4.節目手冊、論文等印刷品。
5.飯店住房資料檔案。
6.旅遊報名資料。
7.文具用品。
8.會議籌備期間往來書信及文件檔案資料。
9.其他會議所需之用品，如桌牌、指示海報、獎牌、紀念品等。

(三)資料運送負責人員

指定一至二名工作人員負責聯絡及協調事宜，包括：

1.與會場服務人員確定何時運送物品至現場秘書處，屆時秘書處是否已經擺設完成。
2.再與貨運公司人員聯繫送貨時間及地點。
3.確認運送之資料及物品清單，打包完成。
4.點收並將物品歸位。
5.會後剩餘物品清點、打包。
6.聯繫貨運公司會後將剩餘物品運回。

第三節　報到的程序與現場的溝通

在會前就要規劃好報到的程序，並確實訓練好報到櫃台的工作人員，籌備期間有關報名、報到等相關事宜，務必指定一名專人統籌辦理，在會期間才能銜接處理現場報到之種種問題，並能協助現場相關事宜的協調溝通。

一、報到的程序

報到就像醫院的掛號處或像飯店的前台辦理住宿，大部分參加開會的人都不喜歡站在那裡等報到，但是，報到就像是會議的門面，應如何有效改善報到程序，避免因為等候使與會者感到不悅、不耐煩，而影響精心設計的大會節目內容，儘量使報到程序迅速，提供正確及多方面的報到資訊並改進收費記錄，這就是重要的會議管理之一。

(一)會前報名

第一步有效方法是提供與會者提前報名的機會，無論會議大小，提前報名可以大幅減少現場報名時的擁擠情況，而且可以使現金運轉順利。一般會議甚至小型集會，有一個地方弄錯都會使報名者感到氣憤。對於大型會議利用電腦會前報名和專業人員參與工作是必需的，電腦可以協助解決一些因事先未周密計畫而產生的問題。

◆會前報名通知

在會議通知中應包括報名程序說明：

1.報名對象。

2.資格限制。

3.報名費。

4.會前報名費與現場報名費的不同。

5.報名費用包括什麼（講義、資料袋等）。

6.會前報名截止日期。

7.有關收取支票、匯票和外幣的規定。

8.有關取消和退費規定。

9.如果不是在現場分發節目手冊和名牌，將於何時郵寄。

10.報名表郵寄地址和詢問電話號碼。

11.現場報名時間和地點。

另外在報名同時還可以鼓勵報名者事先預購餐券、社交活動和旅遊。有些主辦單位還附加舉辦一些深度的會議和研討會，但要另外付錢。很多會議都有提前報名的辦法，這樣也可以預估出席人數。有些提前報名和買餐券會有折扣，也有些沒有，不過提前報名至少可以減少在現場報名排隊等候的情形，並且保證可以買到餐券，提前報名者一定要確定在出門參加開會前收到所有東西，包括名牌、大會資料；不過也有在現場報到時才領取節目手冊和名牌。

◆報名表設計

報名表設計必須有效及正確，同時要容易瞭解和使用，特別是訂定報名費。設計的格式要使報名者很容易填寫。首先是報名的類別和費用，然後再填寫相關資料，報名者的資料有助於處理報名和程序，報名者的職稱和公司／單位名稱，可提供會議籌辦人對於未來設計節目的參考，這些資料也可以看出報名者之購買力的情形，如果購買力強可以預期參展商也會增加，一份正確最新的郵寄名單對將來推廣會議或其他活動相當有用。

1. 表格設計要簡單：不要使用太多不同字體，對特別重要的部分可以加深、加粗和利用斜體字。
2. 英文之文字說明不要一長段全用大寫。
3. 基本規則是不要求報名者去思考，寧可用選擇「是」或「不是」。
4. 利用□小框填寫名字和地址，不要空白填寫，往往寫的字很難辨認。
5. 報名表不要用厚的紙，這樣不易捲在打字機上。
6. 不要用打光和彩色的紙，這樣不易打或寫上去，彩色紙影印看不出來。

報名表範例見**圖10-1**。

(二)現場報名

◆流程

大部分會議籌辦人都希望事先收到所有報名表格，多半還是要看會議的慣例和宣傳的效果，無論如何，用郵寄的報名者大約在40%～70%之間，有些主辦單位利用面談方式在現場報名，這種程序是工作人員直接將報名資料打入電腦，現場收費、製作名牌和售

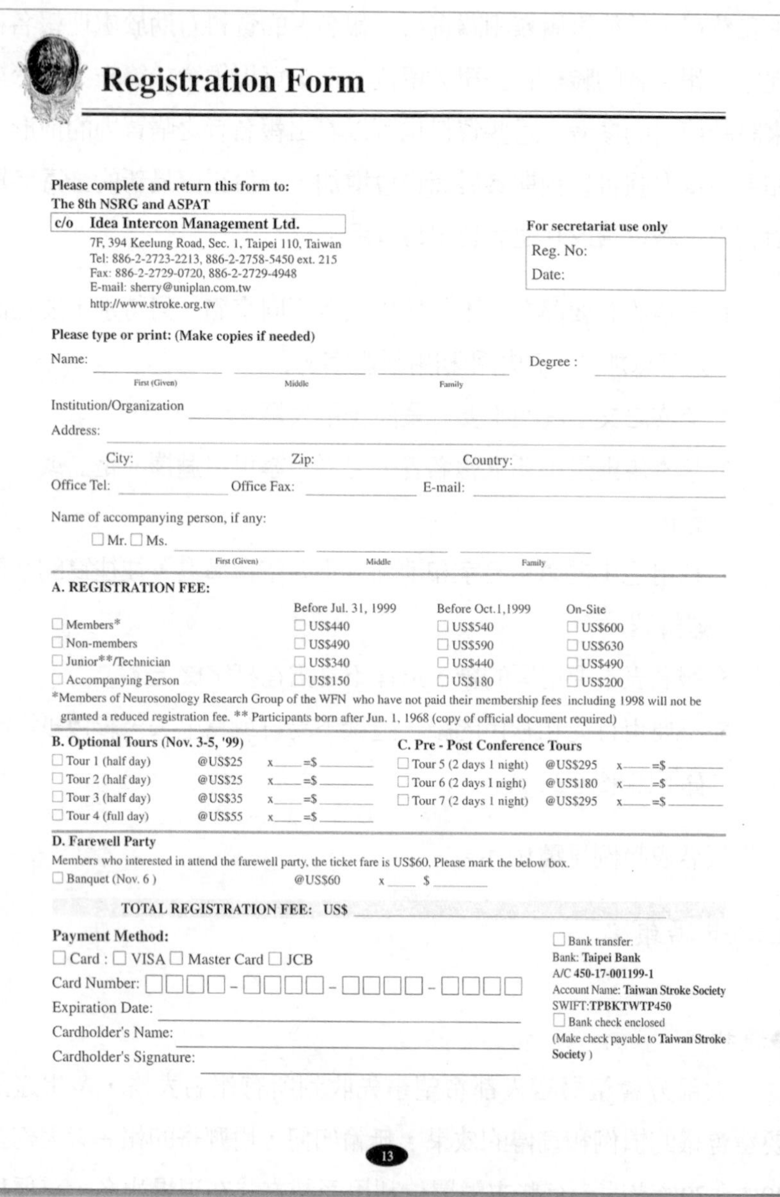

Registration Form

Please complete and return this form to:
The 8th NSRG and ASPAT
c/o Idea Intercon Management Ltd.
7F, 394 Keelung Road, Sec. 1, Taipei 110, Taiwan
Tel: 886-2-2723-2213, 886-2-2758-5450 ext. 215
Fax: 886-2-2729-0720, 886-2-2729-4948
E-mail: sherry@uniplan.com.tw
http://www.stroke.org.tw

For secretariat use only
Reg. No:
Date:

Please type or print: (Make copies if needed)

Name: ________ (First (Given)) ________ (Middle) ________ (Family) Degree : ________

Institution/Organization ________

Address: ________

City: ________ Zip: ________ Country: ________

Office Tel: ________ Office Fax: ________ E-mail: ________

Name of accompanying person, if any:
☐ Mr. ☐ Ms. ________ (First (Given)) ________ (Middle) ________ (Family)

A. REGISTRATION FEE:

	Before Jul. 31, 1999	Before Oct.1,1999	On-Site
☐ Members*	☐ US$440	☐ US$540	☐ US$600
☐ Non-members	☐ US$490	☐ US$590	☐ US$630
☐ Junior**/Technician	☐ US$340	☐ US$440	☐ US$490
☐ Accompanying Person	☐ US$150	☐ US$180	☐ US$200

*Members of Neurosonology Research Group of the WFN who have not paid their membership fees including 1998 will not be granted a reduced registration fee. ** Participants born after Jun. 1, 1968 (copy of official document required)

B. Optional Tours (Nov. 3-5, '99)

☐ Tour 1 (half day) @US$25 x____ =$ ________
☐ Tour 2 (half day) @US$25 x____ =$ ________
☐ Tour 3 (half day) @US$35 x____ =$ ________
☐ Tour 4 (full day) @US$55 x____ =$ ________

C. Pre - Post Conference Tours

☐ Tour 5 (2 days 1 night) @US$295 x____ =$ ________
☐ Tour 6 (2 days 1 night) @US$180 x____ =$ ________
☐ Tour 7 (2 days 1 night) @US$295 x____ =$ ________

D. Farewell Party

Members who interested in attend the farewell party, the ticket fare is US$60. Please mark the below box.
☐ Banquet (Nov. 6) @US$60 x ____ $ ________

TOTAL REGISTRATION FEE: US$ ________

Payment Method:
☐ Card : ☐ VISA ☐ Master Card ☐ JCB
Card Number: ☐☐☐☐ - ☐☐☐☐ - ☐☐☐☐ - ☐☐☐☐
Expiration Date: ________
Cardholder's Name: ________
Cardholder's Signature: ________

☐ Bank transfer:
Bank: **Taipei Bank**
A/C **450-17-001199-1**
Account Name: **Taiwan Stroke Society**
SWIFT:**TPBKTWTP450**
☐ Bank check enclosed
(Make check payable to **Taiwan Stroke Society**)

13

圖10-1　報名表格範例

票，你要確定能找到適合的人處理這些工作，工作人員不但要技巧熟練還要具備無誤、有彈性等工作特點。

在會議規模逐漸擴大時，現場報名非常耗時而且使報名者長時間等候，爲了提高現場報名效率，大部分會議籌辦人要求自行填寫報名表，報名者繳交費用之後約一個小時再來領取名牌及餐券，可先將資料袋及節目手冊發給對方，如此可減少報名者長時間在櫃台等候。

◆現場規劃

最好能在報到區畫一個平面草圖，再決定每一個報名區的位置，放置一些家具，要求會場代表和承包商畫出報到櫃台及所需桌子張數，如果人數衆多，最好讓報名者先到休息區，在那裡放置一些桌、椅、筆以及報名表範本，讓他們可以在那裡填寫表格，指派幾個人巡視一下，保持休息區整潔與用具充足， 當他們填寫完以後，就可以到櫃台報名，如果報到櫃台有不同類別（會員、非會員、學生），就在報到櫃台前註明，根據以前經驗設置櫃台，如果沒有以前的資料可參照，就應變得比較有彈性，視實際狀況增加或減少報到櫃台， 然後將實際狀況記錄下來作爲下次活動之參考，休息區也要足夠容納最多人數。

如果報到只負責收費的話，報名者可以慢慢移動到領取名牌處，慢慢移動總比擠在一個地方好，在報到處附近放置一些大會手冊和其他資料，報到區最好圍起來，以免外人進入工作區，並要確定光線充足，有足夠的插座、垃圾桶、茶水、杯子，以便工作人員使用。

每一個報到櫃台要有足夠的報到卡、名牌、名牌塑膠套、大會手冊和收據，每一位工作人員要有足夠的電腦，報到前先讓他們熟悉環境及簡單說明，要確定每位工作人員清楚自己的工作範圍及作業程序，並給他們一些報名者可能會問的標準答案，以及主辦單位有關退費、遺失名牌、記者證、眷屬及小孩等的規定，也要有一、二位較有經驗的工作人隨時協助，如果實在沒辦法派有經驗者在場時，也要讓工作人員知道有問題時可以隨時找適當的人詢問，當報名高潮過了以後，有些櫃台可以合併，人員也可以減少，但是不要改變報到區的位置。

(三)名牌、餐券和收據

◆名牌

有兩種最基本的名牌，一種是黏著性，另一種是塑膠套。大型會議中很少使用黏著性的，而是用附有別針的塑膠套，有些可以加條吊繩掛在脖子上，也有一種可以移動的夾子，現在一般會議籌辦人不使用別針，因為容易弄壞衣服，故採用可移動式夾子，如果使用塑膠套，一定要尺寸合適，否則不是太緊就是太鬆，為了避免錯誤，最好先買塑膠套再印名牌，大部分名牌有標準尺寸，現在大部分用電腦報名程式來製作名牌，在製作前要看看是否合適塑膠套尺寸，還要確定所打的名字、公司機構及其他資料是不是大小剛好，為了節省，可省略印大會日期，如果會議是每年都會召開，則可以一次印製二到三年份數。

◆餐券

為了使會計作業方便，在出售餐券前先編號，如果有一種以上的票，就以不同顏色作區分，在票上印上日期、時間、地點，如果可能，票價最好為整數，這樣比較節省找錢的時間，假如大會包括

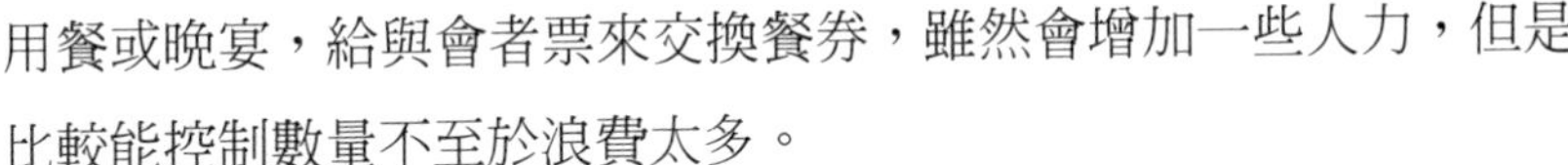

用餐或晚宴，給與會者票來交換餐券，雖然會增加一些人力，但是比較能控制數量不至於浪費太多。

◆收據

大部分在現場報名者都會要求給收據，設計收據的格式要簡單，金額最好都先印好，只要在欄位或方塊中勾選收到支票、匯票或信用卡即可，簽字（印章）也可以事先印在上面。

(四)電腦報名作業

要舉辦一場成功的會議必須要使用電腦來處理大量的資料、分類、製表等，電腦可以存放報名者個人資料、製作名牌、分析表，甚至存貨控制、報名等，在決定使用哪一種電腦系統時，需要深入並花時間瞭解，才能符合你的需要，有很多購買者事前不詳細瞭解，常常買錯，因此最好在購買前先收集資料並作研究，再請教專家協助，作好評估。

◆電腦硬體

無論你要全部電腦化或局部電腦化報名作業，尋找最適合你的電腦設備，有三種方式：

1. 將您的需求與當地電腦業者溝通，由他們來爲你作電腦系統規劃。
2. 由贊助廠商贊助電腦硬體設備。
3. 與外面承包商簽約委託處理報名作業，但由會議籌辦人指導作業。

第一種方式可能要投資一筆錢購買設備和程式，小型會議可以利用個人電腦作業，但是對大型會議而且有些特別需要時，軟體費用會比硬體貴，周密地考慮並要將未來會議成長的因素考慮進去，可能以後還可以增加新的裝置。

第二種方式可能要投資軟體設備，根據各種不同需求來作軟體設備投資。

第三種方式對會議籌辦人來說最好，他們可以將人力應用在其他方面，只是每次報名作業都要付款。

◆現場報名使用

依會議的型式和人數多寡而定，在現場使用電腦處理報名很難估算成本，越專業的人越需要電腦，可能要租用足夠的電腦終端機，除非是很大的會議否則很花錢，在會後將報名人員資料輸入在電腦中，無論如何，在報名現場利用電腦製作名牌所支付的額外費用是值得的，而且同時可以用在參展，另外，現場電腦可以應用在教育課程中，利用電腦掃描，參加課程者的資料立即彙集，累積分數和利用電腦製作與會者證書。

◆作為會後分析

對會議籌辦人來說最重要也最有價值的是會議記錄，而電腦化是最好的。報名者分析和財務報表，電腦可立即提供資料，比較報名者的興趣、職位和地區。比較上屆會議人數的統計，可以看出成長的模式，對籌辦下屆會議會更清楚，電腦可以提供以上這些資料，相信花一些錢也是值得的，另外電腦還可以幫助展覽的管理，如攤位銷售的控制，也因此電腦化越來越普遍。

由於會議內容相當繁雜，有時設計一個程式要花費幾年功夫，而且軟體比電腦本身更重要，如果程式設計不好，再好的電腦也無法發揮效果，報名作業全部電腦化有利於會議籌辦人快速而有效地處理資料，錯誤率減少。

◆目標

無論是利用電腦或人工進行會前或現場報到程序，最主要的是正確和有效率，會議籌辦人的責任是利用方法減少與會者挫折和時間，如果能在辦公室節省事先報名的時間，就可以利用節省下來的時間處理其他事情，在現場報名能減少報名者困惑和麻煩，也會使與會者提高會議的評價，雖然只簡化了某些作業程序，但累積上百人的時間卻相當可觀，相對來說也增加效率減少抱怨。

二、現場的溝通

一位成功的會議管理人一定要確定在現場有效溝通，相反地，一場不成功的會議，花費了數月或數年計畫，卻因爲現場協調不好而使會議失色，所謂現場溝通是團隊合作的表現。

(一)會前協調會

在前往會議場地前要先和會場及主要承包商人員排定會前協調會，協調會的目是對會議現場安排之細節作詳細討論，讓大家都清楚在現場所負的責任與彼此的協調。一般會議籌辦人與會場主要工作人員協調會如：場地工程、服務、餐飲和保全人員溝通，如果會議有應用視聽設備，邀請視聽工程人員一起參加，將所有主要承包商都邀請來。

協調會是提供大家再一次檢查工作內容，以及提出問題討論，有些可能在文字中寫得不夠清楚，彼此指派一個人負責溝通，省得七嘴八舌，有關場地部分都與場地承辦人溝通，因為場地承辦人不一定一直在會場，因此必須問清楚其聯絡電話，以及週末或清早或晚上要和誰聯絡。安排在會前與會場及主要承包商舉行協調會是非常重要也是必要的。包括會議中心、飯店、交通／旅遊公司等，這是在會前最後一次解決問題的機會。

(二)電話、無線對講機

◆電話

小型會議可能不需要內部聯繫系統，只要利用內線電話即可，但是大型會議只靠會場或飯店電話系統可能會延誤事情，因此要安裝幾條專線電話，有些飯店和會議中心專線電話線和設備有限，因此會收取適當的費用。以大部分的情況來說，安排專線電話是經由當地電話系統，至少要在四個星期前申請。大型會議最好自己申請專線電話線和內線系統，電話號碼往往很難在大會手冊印製前獲得，但有時也可向電話公司說明，他們可以先提供號碼，但是不保證到時候安置的號碼一定相同，如果會議在會議中心舉行，他們有自己的內部電話系統，事先要有電話號碼就不會那麼複雜。

在申請電話時，提供一份場地平面圖，這樣對安置的人而言比較方便，還有一種「熱線電話」，這種電話不需要撥號，只能兩邊溝通，有些主辦單位申請這種電話是為了兩邊快速溝通。

◆無線對講機

為了在會場快速與主要工作人員溝通，很多會議籌辦人利用對講機聯繫。對講機在同一頻道可多人通話，它的優點是可以立即回答或處理緊急事件，這種通訊範圍在戶外大約一、二條街之內。有些對講機可立即換電池，大部分都是晚上充電，這種通訊系統有執照，因此租金較高，有些會議籌辦人發覺它攜帶不方便，有時在某種情況下收訊不好，鋼筋水泥建築中收訊會被阻擋，但是很多會議籌辦人還是認爲他們有需要，並提供下列指引。

1. 與承租商談妥一旦發生故障，即使在週末假日也要立即修理和更換。
2. 多租用幾台手機和充電器，以防萬一故障還有備用。
3. 事先瞭解會場哪些地方是通訊死角，這些地方採用其他通訊方式。
4. 不要忘了充電。
5. 分派對講機由哪些主要負責會議的人使用。
6. 僅用於緊急事件溝通，而不是用來聊天。

最後兩項很重要，目的爲了維持系統通暢，當一項訊息在溝通時所有使用者都能知道什麼事情。而更新的技術是可以預期的，它將更有效、更有彈性、更輕巧，例如大哥大已經成爲最常用的通訊工具。

(三)服務櫃台與留言中心

每一個主辦單位都瞭解在大會期間提供一個服務櫃台與留言中心是必要的，服務櫃台與留言中心可以非常簡單也可以很複雜，在這個中心提供基本資料和留言，有一人或二人以上在那裡負責，可以是主辦單位工作人員，也可以僱用當地臨時工作人員，提供大會資料以及當地資料，最簡單的留言中心是一片3公尺×3公尺的公告欄，按字母分團體，與會者留言或接到外來電話，每個留言要註明給哪位與會者，留言中心要有架子或圓筒，這些東西會議中心可提供。這個中心也可以提供航空、租車和旅遊服務，較為複雜的是將留言經由幻燈打在會場或電腦上（在國內的會議中心並沒有留言架子或圓筒可提供）。

基本設備：

1.將服務櫃台安置在所有活動的中央區。
2.確定服務櫃台有足夠的空間放置留言板等。
3.確定服務櫃台可接電話線。
4.其他必需用品。
5.事先印製一些留言條。
6.準備足夠的筆，因為報名者會順手將筆帶走。
7.電話簿。
8.信封，有些人希望接到留言是用信封封好的。
9.當地資料。
10.當地餐廳指南。
11.地圖。
12.觀光和購物指南。

(四)工作人員簡報

有些會議籌辦人員每天在現場作工作人員簡報，特別是有些資料無法在他們離開前提供，有些是利用晚上時間將白天的情形作一個報告再決定第二天要怎麼做，有些喜歡在早餐時間，這個時間可以讓會議籌辦人看到每一位工作人員是否精神飽滿。不管簡報時間是什麼時候，總之須讓現場工作人員感覺彼此協助的重要，現場工作人員一定要有團隊精神，不能有「這不是我的事」的情況發生。

相反地，你也要瞭解工作人員的心情，長時間繁重的工作有時會影響他們的情緒，因此現場簡報也是給予鼓勵和讚美的時候，如果可能儘量避免在現場對質，最好於會後在辦公室處理，對於義工或是經由人力仲介公司僱用的人員，在現場簡報的目的是告訴他們工作內容，簡報的地方要避免被干擾，而且要足以回答所有問題，如果經費允許，最好會前一天作簡報（因爲要支付臨時工作人員基本工時費），會使現場作業更順利。

(五)總部作業

會議總部辦公室是會議籌辦人和工作人員的中心，是主辦單位和演講者、會議籌辦人與承包商溝通的場地，而且也是控制中心，讓每一件事的處理不要延誤，辦公室中要有一位或多位有經驗的人看守，要排值勤表，第一現場有無法解決的問題，就由總部派人處理。

會期中的特殊事件處理

希望辛苦籌備的會議能順順利利的舉行，專業的會議籌辦人還需要有能力規劃會期間任何特殊事件的處理，當然，他們在現場還要能確實執行處理這些特殊事件。

第一節　記者會的安排

除了在會議前定期發布大會新聞稿之外，會議前二至三天甚至會議期間還需召開記者會，藉以加強告知及宣傳。通常由會議籌辦人配合籌備委員會的宣傳組或公關組進行相關作業。大型國際會議的媒體活動通常會交由專業公關公司提供服務。

一、會前記者會

會議籌辦人應建議主辦單位最好在會前二至三天召開記者會，因爲這樣可以在會議開幕前一天或當天讓會議的消息被報導出來，也可以預先告知媒體開幕典禮的時間地點，有什麼特別貴賓或政府首長會蒞臨致詞；還可以把會議議程及相關活動的資料發給媒體，讓媒體瞭解之後可爲會期中的採訪及記者會預先作準備。

二、會前記者會的安排

會議籌辦人根據籌備委員會的決議，配合宣傳組或公關組進行安排記者會的召開，安排流程及內容如下：

1. 決定日期及時間：通常下午會比較適合所有的媒體，但也不能太晚，否則會影響記者的發稿，比較合適的時間是下午二時至三時，如果預算許可，可安排午餐，餐後立即召開記者會。
2. 決定並預訂地點：可以選擇在大會的會場租一間較小的會議

室，讓媒體較有臨場感，如果會場正在進行布置，也可租用飯店的小會議室召開。

3. 決定主辦單位應該出席記者會的代表人：大會主席、秘書長及公關組負責人一定要在場。
4. 收集相關媒體名單及電話、地址、傳眞與e-mail等資料，一定要有負責採訪記者的姓名。
5. 寄發記者會通知，最好附上回條。
6. 準備記者會資料：
   (1)新聞稿：可由公關組人員撰寫。
   (2)記者證：會期間採訪用。
   (3)會議議程及演講者介紹資料。
   (4)大會紀念品。
   (5)記者簽名簿。
7. 與場地服務人員聯繫協調：
   (1)場地布置：記者會布條、指示海報、桌花及主桌名牌等。
   (2)座位安排：主桌及記者席之安排。
   (3)飲料點心預訂。
   (4)門口接待桌之設置。
   (5)音響麥克風之設置。
8. 確認記者出席人數：在記者會前二天以電話個別一一確認，並提醒記者們記者會的時間，並將出席與否之媒體單位全部記錄下來，不能來的記者則可在記者會後將有關資料送去給他們。
9. 會前檢視及準備：負責記者會的人員將相關資料帶至會場準

備，並檢視會場布置及座位安排、麥克風、指示海報、接待桌等是否已就緒。

10. 記者會開始：由接待人員請出席的媒體記者簽名，最好留下記者的名片，並將資料及紀念品交給記者。記者會最好由公關組負責人主持進行。

三、會期間記者會

有別於會前記者會，會期間記者會主要針對大會邀請之知名講員在所發表的演講之後召開，讓記者可以發問或採訪，當然事先必須獲得演講人的同意才可以召開，可以一次多位，也可以一次一位講員，要看會議的實際狀況及主辦單位考量而定。（如圖11-1）

圖11-1　會議期間安排記者會

四、會期間記者會的安排

如果主辦單位有召開會前記者會，則可以在會中宣布會期間的記者會時間及形式，如果所主辦的會議內容或演講人夠吸引媒體的話，記者們一定會來參加，也許還會要求個別訪問，這些都要事先安排。

會期間的記者會安排較會前記者會簡單，有以下流程：

1. 決定日期及時間：可以考量演講人的時間，最好在他們演講完之後。
2. 決定並預訂地點：地點在會場內較方便，但要先向會場服務人員預訂。
3. 決定主辦單位應該出席記者會的代表人：大會主席、秘書長及公關組負責人一定要在場，當然最重要的是大會邀請的主要演講人。
4. 通知相關媒體，寄發記者會通知，最好附上回條。
5. 準備記者會資料：
   (1)新聞稿：可由公關組人員撰寫。
   (2)會議議程及演講者介紹資料。
   (3)記者簽名簿。
6. 與場地服務人員聯繫協調：
   (1)場地布置：記者會布條、指示海報、桌花及主桌名牌等。
   (2)座位安排：主桌及記者席之安排。
   (3)飲料點心預訂。
   (4)音響麥克風之設置。

7.安排翻譯人員。

8.會前檢視及準備。

9.安排記者在媒體報到處領取記者證及相關資料。

10.記者會開始。

11. 最好在會場安排一間記者室，讓記者可以在此寫稿、發稿或採訪之用。除了放置桌椅之外，還要有電話供其使用，如經費許可，也可在此提供茶水點心。

12. 收集剪報：將平面媒體的相關報導收集起來，除了留作紀錄之外，還可作爲下次會議的參考。

五、公關公司

有些國際會議非常注重對外的宣傳及報導，所以會編列一筆預算聘請專業的公關公司代爲處理有關新聞發布及記者會等事宜。專業的公關公司還可以幫助主辦單位妥善處理與媒體的互動關係，讓會議的媒體宣傳不會出現負面的報導，這是非常重要的。因此會議籌辦人須扮演一個居中協調主辦單位及公關公司的角色，更要明確的讓公關公司瞭解主辦單位的需求，以及監督公關公司作業內容及成效如何。

第二節　緊急事件的處理

要測試會議籌辦人經驗最好的方式是他對於處理危機和緊急事件的能力。會議籌辦人不可避免在這種狀況下扮演領導角色，而且須證明有足夠的能力處理，雖然其他人也有責任處理在會中所發生的各種緊急事件，但是會議籌辦人最終還是要去確定所有發生的因素。事前能列出緊急事件可能發生的項目，再以不同發生情況按照步驟處理。

一、緊急醫療

對於緊急醫療計畫，要看與會者平均年齡、活動範圍和過去會議經驗，不管如何，緊急事件可能在任何時間發生，但是有些參加會議的人比其他人更容易受傷與生病，比較可能性的病症是心臟疾病、中風和其他有危害生命的病症，有些與會者因爲節食、喝酒、睡眠不足、疲勞、面臨不熟悉環境、孤獨、遠離親人所致，因此要使那些人得到照顧。

(一)緊急醫療系統

會議籌辦人經常憑藉其經驗透過當地會議／觀光局或當地主辦單位的分會協助成立一個緊急醫療系統，與當地醫院聯絡，一旦有緊急病人立即安排救護車送醫院急救。並在會議現場安排醫療人員，在會場再和醫師聯絡，確定他願意短時間內來看診，在大會手冊及其他資料中印上緊急事件聯絡電話號碼。

(二)會場醫務室

如果是在會議中心舉行會議，在合約或保險的同意書中可能要求會議中心僱請一位護士或醫務人員在會場，有些會議中心有醫務室，可以安排醫務人員，先瞭解醫務室的位置、醫療器材。會議籌辦人可以評定現場這些設備與人員是否符合緊急醫療計畫，如果不足，則要特別安排一位醫務人員值勤，醫務室中至少要有輕巧的氧氣筒、繃帶、壓舌板、殺菌劑和阿斯匹靈，大部分會議籌辦人會試著放一些醫療用品，但是一定要留意其有效期限，如果超過這些基本用品外就需要醫院提供。

(三)飯店緊急救護系統

大部分的飯店有自己的醫療人員，但是不能確定這位醫務人員是否可以處理緊急服務。大部分醫務人員並不住在那裡，所以可能無法即時處理緊急醫療，但是各個飯店應該有緊急救護系統，這是會議籌辦人在選擇會場時就應該考慮的。先瞭解會場緊急救護的情形，有些由總機來處理，有些是警衛室，也有些是會議服務人員，要先瞭解每個會場情形到時候才不會找錯對象。

如果同時使用幾間飯店，須先瞭解每一間飯店緊急服務的情況，確定要找哪一個人，留下他們的電話號碼，萬一發生緊急醫療時一定要先通知負責處理的人，很多會場及組織派人接受心肺復甦術訓練，懂得這種技術可及時搶救生命，因此每一個組織都應該提供員工學習這種技術。有兩項緊急事件可能會發生：企圖自殺、急性酒精中毒；輕者比較沒有生命危險但仍需緊急處理。因此，任何緊急狀況獲得入院許可是必需的，寧可多作準備不要準備不足。

美洲旅遊協會第六十一屆世界年會（ASTA）在台灣召開時，對緊急醫療系統作了非常完善周詳的規劃，值得我們學習，在此簡述規劃內容：

大約在會前一年，ASTA總部要求我們與鄰近台北國際會議中心的大醫院聯絡，是否同意接受國外保險如Blue Cross，一旦與會

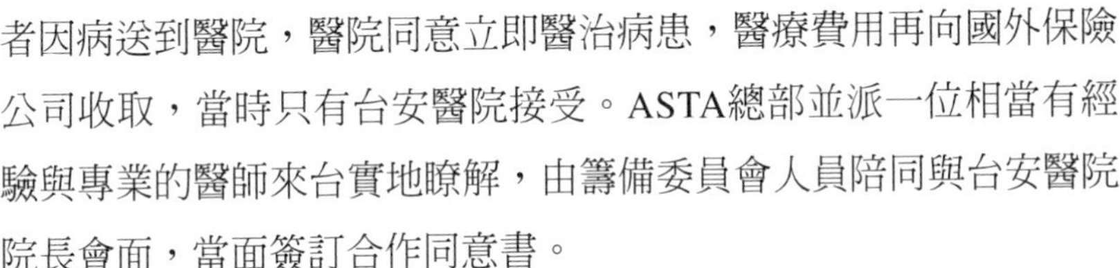

者因病送到醫院，醫院同意立即醫治病患，醫療費用再向國外保險公司收取，當時只有台安醫院接受。ASTA總部並派一位相當有經驗與專業的醫師來台實地瞭解，由籌備委員會人員陪同與台安醫院院長會面，當面簽訂合作同意書。

台北國際會議中心本身有醫務室，醫務室內有病床、氧氣筒、簡單醫療用品。籌備委員會爲了符合ASTA總部的要求，在大會期間有一位醫師與一位護士值班，同時在台北國際會議中心地下室入口處兩側停放兩部救護車，以備不時之需。另外在大會活動的地方，如歡迎酒會、惜別晚宴、甚至高爾夫球賽等，都有醫師、護士與救護車隨時待命。那次會議結果僅有一位年齡較長的國外與會者因爲過度疲勞造成心臟毛病而送醫急救，但也因爲處理得宜，平安出院。緊急醫療系統的設置費時又費錢，可能在會期並沒有使用到，雖然如此仍然要設置，因爲這是以防萬一，如果眞有需要時卻沒有準備，可能會造成很大的遺憾！

二、衛生問題

衛生問題是籌辦國際會議另一項重大挑戰，包括飲食與環境衛生兩方面。國際會議通常是在已開發國家和開發中國家舉行，而且爭取到國際會議的國家，都會選擇環境良好的地方作爲會議與活動的場地，因此環境衛生大致不會有問題。而餐飲衛生是主辦單位最大的挑戰，特別是上千甚至上萬人參加的大型國際會議，更是要愼選餐飲合作對象，萬一其中有人因食物不潔而造成腹瀉甚至食物中毒，那將造成無法彌補的損失，對主辦國家、城市的形象也會大打折扣。近來英國發生口蹄疫事件，相信對他們爭取國際會議方面會有嚴重的影響。

三、示威和抗議

其實每一場重要會議都在提供一個「示威和抗議」的場合，「示威」是用招牌、演講、歌唱和叫喊來反對某個組織，如處理得當不會對會議本身造成很大影響。「抗議」從另一方面來說，是持不同意見的團體企圖打擾會議，因此抗議本身就變成了主要議題，示威和抗議都代表危機，經常需要工作人員和主辦單位主要人員設法解決。保全人員沒有這種技巧和能力去處理這類緊急事件，危機處理是一種藝術，有些主辦單位經常向治安顧問請教這類事情，主辦單位在任何時間對這種有爭議性的事件，最好能請一位專家來處理或提供建議，費用也不會太高。

會議籌辦人要有足夠時間去處理潛在的危機，假如示威是會發生的，先與當地警察機構討論，必要時請他們協助，特別是防止警察反應過度，如果事件擴大，會議籌辦人應該努力使示威平和，不要造成與會者的不便與恐懼，特別重要的是不要將示威擴大到「抗議」的地步。

要記住抗議人群就是要引起主辦單位人員的憤怒和不安，不要使它發生，但不要忽視或攻擊。如果示威人群中有特定領袖，建議由主辦單位負責人和特定領袖面對面討論。如果確定示威或抗議會發生，告知與會者，讓他們瞭解情況減少吃驚。有些很有效的技巧可降低敵意，就是在可控制的範圍內讓他們表達意見。另外還有一個方法是在某一特定區域讓他們發表其言論，爲了避免在會議中被嚴重打擾，考慮提供一間房間和一個時段，讓他們向對他們議題有興趣（或好奇）的與會者發表。無論何種方式，會議籌辦人都要控制場面不要助長敵對。如果這事件引起了媒體注意時，要指派一個人和媒體接觸，說明主辦單位的立場，如果演講者願意，最好請他們代表主辦單位接受訪問。

四、天氣

在選擇場地時，天氣的因素應該要考慮進去，但是卻沒有辦法保證（即使你選擇了溫暖的地方開會），有些地方還是讓大風雪防礙了一些人參加會議。當天氣問題發生，會議籌辦人只能縮小會議規模等待下次會議來平衡預算。

有些時候惡劣的天氣甚至會影響大會結束後與會者返鄉，在這種情況下要立即與會議飯店的人商量，通常也因爲這個原因，住進來的人也會延誤，所以安排延長住宿應該不是問題，也有些與會者將災害轉變成一個令人難忘的經驗，召開了一即興的Party，像是土風舞會或可變成與會者經驗中難忘的事以取代災害。

五、罷工／停工

在會議期間突然服務停止會影響會議進展，因此在選擇場地時就應該瞭解其勞工情況，假如主要勞工合約在大會時間會談判，這將會發生嚴重影響。

違法的罷工和停工可能無法預期，當無法預期的勞工危機發生時，會議就發生問題，此時要緊急計畫和做出行動：首先要確定大會中哪一個活動影響最大，下一步是想出一些創新的構想以維持節目內容完整。如果展覽攤位無法做，就安排在桌子上展示和講解，或者舉行一個酒會讓參展廠商有機會和與會者交談，如果罷工牽涉到飯店人員，飯店會設法，可能會將原本正式坐著的午餐變成自助餐式，或要求與會者自行整理床，而會議工作人員也可能因此而改變工作內容，有些與會者也會樂意協助。

交通運輸罷工對會議籌辦人來說是最麻煩的，如果有另外一種交通運輸可安排，在會議場地設一個櫃台是有必要的，如果所有交通運輸都停頓，只好將它當作天氣或其他自然災害來處理。

在台灣這種情形比較少，但未來可能因勞工意識越來越高漲而產生上述問題，我們也應該加以重視。

六、火災

每一位與會者都要知道在活動中遇到火災的逃生技能，濃煙和驚慌往往比火災本身造成的死亡還高。飯店有責任告知客人逃生步驟，例如緊急逃生口。但是會議籌辦人扮演著更重要的角色，保護與會者並提供這方面足夠的資料。很多主辦單位印製了防火手冊，放在資料袋中一起給與會者參考。小小一個動作可能挽救很多條生命。

在作場地檢查時（特別是高層樓飯店），要熟悉其安全設施，以下是安全設施注意項目檢查表：

1.是否有自動滅火系統（灑水式）？

2.灑水口在哪裡，走廊、睡房、公共區域、廚房？

3.如果建築物沒有自動滅火系統，是否全部有防煙偵測器？

4.建築物的每一層樓是否有兩個可移動的滅火器？

5.是否火災出口處直接可到建築物外面？

6.防火警示燈是否看得到且照明良好？

7.從每個走廊可看見指引到火災出口的燈？

8.在電梯口是否張貼了萬一發生火災請使用樓梯的標誌？

9.查一查滅火器上的條子，是否每月檢查？

10.在每一層樓適當的位置是否有防火手冊？

這份注意項目檢查表未必眞正有用，但至少讓會議籌辦人認知到一些基本的重要項目，花費時間去準備那些未必會發生的事似乎很討厭，但是要記得拯救一條生命或避掉一場災難是值得的。

七、簽證問題

簽證問題也是緊急事件處理中的一項，通常在會議通知（announcement）中都會說明簽證的細節，但是仍然有些國外與會者忽略這方面的問題，特別是對於重要的貴賓，更要再三叮嚀簽證的問題。有一次國際會議在台灣舉行，有一位重量級的貴賓因爲簽證問題而延誤抵台，他可能因爲工作太忙碌加上他的秘書也沒有留意，使他到了機場卻因爲沒有簽證而無法上機，他只好在機場打長途電話通知我們，由於他是一位國際知名人士，外交部立即通知駐外辦事處給予簽證，使那位貴賓趕搭第二天班機抵達，雖然最後他順利來台，但因爲他的延誤，使大會節目必須略爲變動，所有工作人員也因而忙得人仰馬翻。

爲了鼓勵外國人來台觀光、參加國際會議與展覽，政府也大幅開放免簽證與落地簽證的國家數量，這對國際會議來說是一項優勢。

八、竊盜

國外與會者在會議當地遇到竊盜事件都會留下不良印象，因此在重要國際會議期間，要求地方政府加強警力，避免發生竊盜事件，同時主辦單位也應該以書面資料告知與會者儘量減少到人多複雜的地方去，國外與會者對台灣的夜市很感興趣，如果要去，儘量不要帶貴重物品，如現金、珠寶、護照等，同時最好有當地人陪同比較安全。

Part 6
會議後的善後工作

會議不是在閉幕典禮之後就圓滿結束，籌備會議之人此時應繼續第三階段之善後處理，例如：會後結帳、會議資料彙整歸檔、會議評估、結案報告等工作，有始有終，才算是完成一個成功的國際會議。

會期後的檢討與評估

善後工作中很重要的一項是檢討與評估，如此方能明瞭與會者對於會議各方面安排有些什麼看法，主辦單位也可就此作一些調整，作為下一屆會議參考之用。

第一節　執行檢討與會議評估

當會議結束後，主辦單位希望知道與會者對會議的反應如何，有時會被與會者誤導，有些人很誇大，也有些人本身有問題或有些人習慣性否定，這些都不是提供會議評估的正確資料。爲使其有效，會議的評估必須小心計畫，事先準備好資料，再計畫分發及回收的方法。

一、評估目標

第一步驟是要先決定評估目標：你希望獲得什麼樣的資料？這裡有一些對會議評估的重要範圍：

1.對於節目內容的評估：包括主題、內容、演講人，並試探對未來節目內容的期望。

2.評估其他相關活動：包括娛興節目、社交活動，要獲得與會者和邀請貴賓雙方的反應。

3.評估場地、設備和當地相關服務。

4.與會者出席資料。

雖然這四項目標很廣泛，但並不表示都要包括，有些主辦單位只想從評估資料中瞭解與會者行爲的轉換，有些從評估中去創新一些新的節目內容。

你要選擇哪一個評估目標一定要根據你設計問卷的內容，由於牽涉到時間，問卷計畫要儘量簡單清楚。

經由觀察推論，設計的問卷和調查表最好上述相關的內容儘量都涵蓋，以後只要每年作小幅度的改變。標準問卷內容差異不大有利於作比較，這種比較，也可以顯示與會者類型和對節目改變的偏好。

二、評估會議各項安排

大會相關執行人員及會議籌辦人團隊針對會議的各項安排，如場地、宣傳、印刷、展覽、旅遊等，自我評估檢討是否安排合宜，各項服務有無缺失，應如何改進。

(一) 場地

會場選擇是否正確，除了在會前作詳細的選擇與評估外，眞正確定場地是否適用是在會議期間，因此會後應該對場地的優劣作報告，評估內容包括各會議室容量、視聽器材、餐飲、服務等，可作爲下次會議的重要參考。

(二) 宣傳與推廣

宣傳與推廣是否成功，可取決於參加人數的多寡，有些會議的節目設計相當精采，卻因爲推廣與宣傳的方式不對，而影響報名率。因此會後的檢討與評估相當重要，下次會議便可參考改進。

(三) 印刷設計與製作

雖然網際網路日益發展，但印刷品在會議中仍然有其必要性。精美的印刷品會讓與會者不忍丟棄，而留下來作爲紀念。有時一場會議結束後留下一堆無用的廢紙，既浪費金錢又浪費資源，因此印刷品的品質、數量與種類要確實控制。會後的數量統計與報告是下次會議的重要參考。

(四) 展覽

展覽是會議中非常重要的收入來源，因此展覽的評估也顯得格外重要。首先是會前展覽的宣傳是否做得周全，廠商考慮的意願如何？展覽的宣傳要儘早開始，掌握每個公司編列年度預算的時機。展覽的效益更是主辦單位必須掌握的資訊，負責展覽的大會人員應在會後主動打電話給參展廠商致意，一方面感謝他們的支持，另一方面詢問他們對此次展覽的意見，參展廠商的意見是大會非常寶貴的資料。

(五) 視聽設備

視聽設備在會議中扮演很重要的角色，現場是否因爲麥克風品質不佳而造成音質干擾，幻燈機或投影機是否因爲沒有備份燈泡而造成會議中斷，銀幕大小是否合適讓會場每位與會者都能看清楚投影的資料等，這些在會後評估報告中都要詳細說明，在下次會議中加以改進。

(六) 臨時工作人員

會議期間需要大量臨時工作人員在現場幫忙，人員的分配是否適當，人員的訓練是否不足，是否因爲人力太多而造成閒置，還是人力不足造成有些工作沒人負責，這些也是在會後評估報告中要詳加說明的。

(七) 簽證與通關

在會後評估報告中記錄本次會議是否發生簽證方面的問題，如果有，要詳細記載發生原因與解決之道。目前來說，國外與會者來台灣參加國際活動，都不會發生通關方面的問題，而可能發生在國外參展廠商或國外承包廠商，他們所攜帶或進口來的展品或設備，必須事先提供主辦單位詳細商品名稱，再由主辦單位向財政部海關總署申請。如果過程中發生任何意外狀況，必須在報告中詳述，可作爲下次會議重要的參考。

(八) 旅遊與交通

旅遊是吸引國外與會者參加會議的重要誘因，每一種旅遊行程中指派臨時工作人員陪同，並要求工作人員詳細記錄國外與會者對於旅遊內容與交通安排的滿意度，哪些地方需要再改進，導遊人員的專業是否受到肯定。交通工具方面，同樣要詳細記錄駕駛員的態度、車況、車輛整潔與空調等，雖然有些主辦單位要求會前檢視車輛，但是實際使用才知道是否與以前檢視相符合。

(九) 住宿與餐飲

住宿方面要詳細記載已訂房但沒有來住房的人數，以及現場訂房的情形、每日住宿房間數和會期總計使用房間數。

餐飲方面的評估報告格外重要，一般來說，餐飲費用占會議預算比例很高，會後對於本次會議中餐飲數量的掌握、菜色內容、場地與服務等，都需要詳盡的評估，評估範圍包括早餐（有些會議並不提供）、午餐、咖啡點心與各種晚宴，評估報告的內容越詳盡，參考價值也越高。

(十) 社交節目

社交節目通常安排在歡迎酒會、開幕典禮與惜別晚宴，這是主辦國最能展現文化藝術的機會。基本上從與會者的表情就能得知他們對社交節目安排的滿意度。1991年美洲旅遊協會世界年會在台灣召開時，歡迎酒會就是以結合美食與民俗的方式展現，酒會在戶外舉行，雖然當天下著雨，但是仍然留給所有國外與會代表深刻的印象。開幕典禮是雲門舞集及各種傳統藝術的表演，特別是雲門舞集在表演完《渡海》後，所有與會代表起立鼓掌長達數分鐘，這種藝術的感動深植人心。另外，世界青年總裁會議在台灣召開時，惜別晚宴的節目靈感來自於《末代皇帝》電影，所有中外籌備委員會的委員表演「末代皇帝劇」，也獲得滿堂彩，相信這些社交節目的評估報告，不僅可以作爲自己下次會議的參考，同時也會成爲其他國際會議仿效的節目。

由此可見，會後評估報告是非常重要且需要的，對主辦單位來說，除了可以評估自己所籌辦的會議有多成功之外，對於尚待改進的部分，更是一個參考的指標；而對會議籌辦人來說更是重要，因爲可以從中獲知本次會議的優缺點，尤其是缺點的改進，作爲專業的會議籌辦人，方能精益求精，更上一層，將來才能得到更多的信任及尊重。

三、觀察員

在研討會時指派觀察員去瞭解，觀察員多半找對節目有經驗或

者是現任或前任委員，或者是主辦單位的主要人員。

觀察員要保持良好的判斷力、客觀性和願意公平提出優缺點。好的觀察員能正確代表與會者的反應，指派沒有經驗的觀察員去評估可以看出他的能力，對他來說也是一個機會去練習其評估技巧，而且也可以向有經驗的人學習。

最好在評估前召集那些觀察員先開個會，確定評估範圍，而評估表事前就要給他們，回答他們可能有的問題，確定所有項目都包括。事前作一個簡報可加強評估報告的一貫性。

如果有足夠經驗的觀察員，每一個研討會指派二位或二位以上觀察員，這樣觀察的角度比較廣，如果是大型的專題討論（三百位或以上與會者），要有三至五位觀察員，在不同的位置觀察，能獲得更具體的評估。

由觀察員來評估可真正獲得多項益處：

1.請觀察員評估就不需要設計複雜的問卷以及問卷分發。
2.不需要花很多人力整理問卷與分析結果。
3.觀察員可以提供詳述的意見，對某一點作進一步的解釋。

用觀察員來評估也有其缺點：

1.只有少數人評估，而這些人可能也不能代表大部分與會者的意見。
2.即使觀察員對於評估試著儘量客觀，但是他總會有些主觀。
3.如果觀察員臨時不來或提不出報告，你就無法挽回。

觀察員比較適合用於專題演講和各組研討。現在利用電腦可以簡化評估的過程。

四、問卷或調查表

有很多會議籌辦人比較喜歡經由問卷或調查表方式來評估他們的會議，有些是現場分發立即收回問卷或調查表方式，另一種是在會後立即郵寄問卷或調查表。

如果利用問卷方式，要確定能從不同類別的與會者獲得，由於回收數量多，問卷本身設計時應避免可能歪曲的問題，如果可能，事先測試問題的正當性和可信性，如果不能，則將問卷設計內容請教有經驗的人。

第二節　結帳

舉辦一場國際會議的最後一個階段就是結帳，會議雖然圓滿結束，但是還有善後的工作要處理，尤其是大部分的應付帳款在此時都要一一付清，還有政府相關單位補助款報帳核銷以及最後結算本次會議所有收入及支出，作出報表於結案會議時向籌備委員報告，會議才算正式結束。

一、會後帳務處理

會議結束之後，會議籌辦人還有工作，就是要配合會計人員與所有協力供應商聯絡，處理結帳請款等事宜，如果有政府單位或相關組織補助款項，還得做好報帳核銷的工作。

(一) 蒐集帳單及發票

依據台灣的財稅制度，會議籌辦人得依會計人員要求，請場地出租單位、飯店、會場布置等協力商依據合約或估價單，於會後將發票（二聯或三聯）連同請款單寄送給主辦單位，以便辦理款項支付及結算。

(二) 核對帳單

會議籌辦人收到請款單及發票之後，先核對款項與合約有無出入，有時候很多變更會發生在會議期間，例如茶點數量提供可能因爲人數預估有差別而必須臨時增減，或是演講視聽設備臨時要增加等，這些變動會議籌辦人都要有正確的記錄，並經過主辦單位負責人簽字同意，才能夠在核對帳單時不會混亂，也才能向會計人員正確說明。

雖然會議期間與會者住宿由自己支付，但是大會的貴賓、籌備委員以及工作人員的住宿仍然由主辦單位負責，因此，在會後得要求飯店提供住宿人數、check-in與check-out日期以及其他雜支等相關明細表，核對正確無誤後再要求開立發票。

(三) 政府單位補助款核銷

如果會議經費有來自政府單位的補助，例如：行政院衛生署、教育部、國科會等，有經驗的會議籌辦人會事先知道會後應如何配合各單位請款要求去報帳核銷。

有的單位在答應贊助回函中會說明補助款得於會後憑指定項目及預計補助金額報帳，經審核所附支出單據後，方可撥款；也有些單位在會前先撥款，主辦單位再於會後根據指定項目的單據核銷即可。

不論政府單位答應補助大會的項目爲何，會議籌辦人或主辦單位相關人員務必實際瞭解該款項的指定用途爲何，並照會會計人員。通常政府單位的帳務程序較爲制式及複雜，要如何配合，各單位都有專門人員負責，可與他們保持聯繫，有助於會後報帳核銷順利進行。這可是牽涉到補助款項能否早日入帳，大意不得！

(四) 實際支出與預算對照

核對帳單後，會議籌辦人還要將最後調整過的預算與實際發生的各項費用比對一下，最後確認預算有無超支的項目，並知會會計人員，同時確認大會所有收入是否都已入帳？夠不夠支付應付帳款？如有未入帳的應收帳款，何時可收款？如果最後結算發生赤字應如何因應？專業的會議籌辦人應不會讓赤字發生才對，除非主辦單位不顧會議籌辦人的專業建議，而不節制的花錢。

二、會後結算

經過會議籌辦人核對帳單無誤之後，會計人員此時除了開立支票付款外，最重要的是作出結算報表，籌備委員會方能召開結案會議，看看會議除了圓滿成功的舉行之外，結帳後的情況又如何？應如何處理盈餘或赤字？

(一) 製作會計報表

會計人員在會後根據實際發生的費用單據，列帳並製成收支明

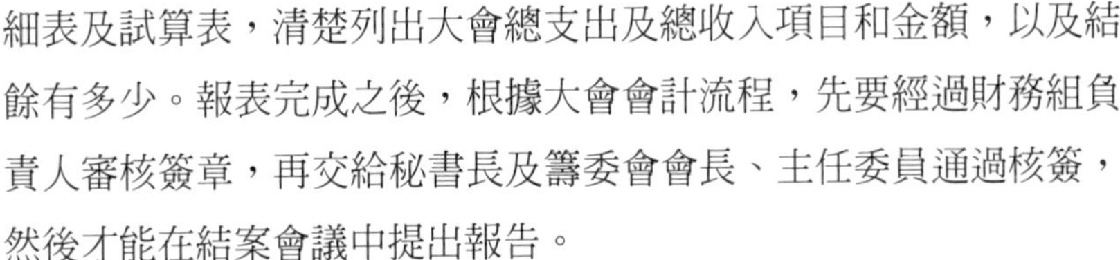

細表及試算表，清楚列出大會總支出及總收入項目和金額，以及結餘有多少。報表完成之後，根據大會會計流程，先要經過財務組負責人審核簽章，再交給秘書長及籌委會會長、主任委員通過核簽，然後才能在結案會議中提出報告。

(二) 結帳及結案

會計報表完成簽核之後即可召開結案會議，會議籌辦人應將總出席人數及各國報名參加人數列表作成報告，最重要的是還要報告財務收支情形，是有盈餘還是超出預算？有些會議主辦單位本身是學術團體，經費有限，舉辦一次國際會議龐大的預算需要各方募款並且要謹慎使用。如果結算之後還有盈餘，則可留下來當作學術經費或其他用途；如果沒有，收支打平也算安全過關，就怕預算沒有控制好而造成虧損，結案會議時就得好好討論該如何籌款了！籌辦會議，預算的控制相當重要，特別是社團組織，除非本身經費充裕，否則一旦發生赤字，就會產生赤字由誰承擔的責任問題。因此聘請專業的會議籌辦人來精準編列預算並嚴格控制預算是非常重要的。

爲了要使會議的經費專款專用，在籌備委員會成立之後，就應在銀行開立會議專戶，所有因會議所產生的收入與支出都透過這個專戶進出，如此在結帳時帳目也比較清楚，不會與其他款項混淆。會議結案後也需將這個專戶結束，如有盈餘再將餘額轉到正常帳戶。

結案會議中通過結算表後，籌備委員會這個臨時性的組織便宣告解散，會議正式結束。

Chapter 13

會期後的善後處理

會後除了檢討與評估之外，還有許多善後工作要做，雖然此時會議結束了，大家都很累了，可是更要趁大家對本次會議還記憶猶新時，處理一些會後工作，例如寄發感謝函、舉辦慶功宴等。

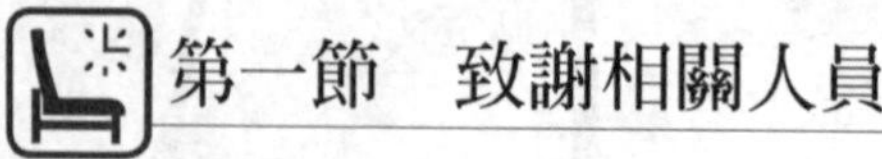

第一節　致謝相關人員

舉辦國際會議要結合許多人的力量，要靠團隊的合作才能完成。因此，當會議圓滿落幕時，有許多人或單位、組織是需要感謝的。

一、感謝相關人員

大會秘書處此時還有很多事要做，除了所有大會資料要整理歸檔之外，更要先準備一封感謝函或感謝狀，由大會會長／主任委員具名，寄送給以下相關人士，感謝他們對大會的支持及貢獻。（如圖13-1）

感謝狀

沈燕雲女士惠存

本會舉辦第二屆台北國際旅展承蒙台端熱心參與籌備工作備極辛勞特贈此狀藉表謝忱。

ITF 89
第二屆台北國際旅展籌備委員會

名譽主任委員 毛治國

主任委員 趙慶璋

中華民國七十八年十二月二十日

圖13-1　感謝函

(一) 大會邀請講員

會議中邀請的講員（invited speakers）通常是這個領域中極具影響力的人，他們對會議的支持與肯定，是主辦單位最大的收穫，爲了表示對他們的感謝，通常會在會期中致贈感謝狀，如果來不及製作，也可以在會後寄送，除此之外，最好於會後再發一封感謝信，感謝這些講員們精彩的演講及對大會的支持。

(二) 大會邀請的座長

在學術研討會中，大會邀請的座長（invited chairpersons）是每一場研討會中的靈魂人物，通常他們都有崇高的學術地位與專長，爲了表達感謝他們對會議的支持，主辦單位也會在會中致贈感謝狀，同樣在會後再發一封感謝信，感謝他們的參與及對大會的支持。

(三) 開閉幕演講貴賓

重要的大型國際會議主辦單位都希望邀請到國家正、副元首或者行政院長蒞臨會議開閉幕典禮中致詞。否則也希望邀請到相關專業的政府首長致詞，以增加會議的隆重性。因此，會後對於蒞臨指導或出席致詞的政府首長，更應一併發函致謝，感謝他們對大會的看重。

(四) 政府相關單位

有些主辦單位在大會手冊中的Acknowledgement中對於所有協助大會的相關單位的名稱都列上去，以示感謝與支持。當然主辦單位還是會寄發一份感謝函來感謝他們的支持。

(五) 協辦／贊助單位

協辦單位通常是出錢又出力，也有的協辦單位僅提供人力協助，無論是哪一種方式，對大會本身都是一大助力。贊助單位更是會議最重要的收入來源之一，贊助內容可能包括展覽、廣告、會議期間餐飲等，可算是會議成功的一大推手，當然在會議圓滿完成後應該表達主辦單位的感謝之意，如果所剩預算足夠，可建議製作感謝獎牌，致贈給這些贊助單位，讓他們放在辦公室以茲紀念。

(六) 其他相關人員或組織

前面曾提過籌辦一場國際會議要靠團隊的合作才能圓滿完成，每一位工作人員或組織都為會議付出了很大的心力，對於他們長期的努力與付出，主辦單位應該給予相當程度的感謝，除了感謝函與感謝狀之外，如預算許可，還應該考慮給予相關人員實質的報酬。

二、慶功宴

籌備一場國際會議到會議結束，所動員的人力非常可觀，除了會議籌辦人團隊之外，還有籌備委員會委員、主辦單位工作人員及現場接待人員等，通常如預算許可，籌備會的會長、主任委員及秘書長會舉行一場慶功宴，感謝大家的辛勞！

第二節　其他善後事宜

會議在閉幕典禮、惜別晚宴之後還有很多瑣碎的善後工作要做，除了以上幾項必須處理的事宜之外，最後還有一些雜項的工作，如稅務問題或結餘款的運用等。

一、稅務問題

會議籌辦人或主辦單位相關人員在籌備會議之初，開立大會專戶時，應先瞭解當地政府對於大會收入，如報名費、贊助款等的課稅問題；尤其非企業界的國際會議，以台灣的稅務制度爲例，民間社團這類收入應享有免稅的優惠，但應如何辦理相關手續、向哪個政府機關申請辦理，會議籌辦人或主辦單位相關人員須詳細瞭解清楚，並得隨時清楚相關法令有無變更，這樣才能協助大會節稅。

至於企業界的會議，在財務方面都是交由專業會計人員處理，因此稅務方面較不會有問題。

二、結餘款的運用

大會籌備之初，編列預算時，主辦單位應已大略知道會議要花費的金額，同時也已根據這個目標規劃要如何去籌募經費。通常在籌備委員的通力合作、努力奔走之下，總可以募得一些補助款或贊助款，再加上報名費收入，經費應該足夠，尤其如果有專業會議籌辦人的有效控制預算之後，經費不僅夠用，還會有盈餘呢！

在結案會議時，籌備委員們則須討論結餘款應如何使用。企業界會議通常就歸入公司收入，較無須討論；但非企業界的會議，由於民間社團募款不易，難得在一次盛大的國際會議舉辦之後，有盈餘可供使用，當然得好好討論一下。筆者曾有一個案例，主辦單位會後結餘款就拿來購買辦公室，當作該組織的永久會址；也有主辦單位將結餘款設一個專案基金，可作爲將來有特殊需要時使用，例如補助會員出席國際會議的旅費等。

參考文獻

1.Barbara Nichols ed., *Professional Meeting Management,* Professional Convention Management Association.

2.*Convene Magazine,* Professional Convention Management Association. 網址：www.pcma.org

3.International Convention & Congress Association. 網路資料，網址：www.icca.nl

4.*Meetings & Conventions Magazine,* Venture Asia Publishing Pte Ltd. 網址：patasingapore.org.sg/venture.htm

5.《台北國際會議中心季刊》，第26期（2000年，1月）、第29期（2000年，11月），台北國際會議中心出版。

6.《交通部觀光局統計資料》，交通部觀光局出版，網址：www.tbroc.gov.tw。

7.中華國際會議推展協會網路資料，網址：www.taiwanconvention.org.tw。

8.台灣會議展覽資訊網電子報，www.meettaiwan.com。

9.Tony Rogers (2003). Conferences and Conventions, A Global Industry.

圖書編號：A1028A

國際會議規劃與管理

著　　者／沈燕雲、呂秋霞
出 版 者／揚智文化事業股份有限公司
發 行 人／葉忠賢
總 編 輯／閻富萍
執　　編／鄭美珠
登 記 證／局版北市業字第 1117 號
地　　址／新北市深坑區北深路三段 260 號 8 樓
電　　話／(02)8662-6826
傳　　真／(02)2664-7633
E-mail ／service@ycrc.com.tw
印　　刷／鼎易印刷事業股份有限公司
ISBN ／978-957-818-832-7
二版五刷／2015 年 9 月
定　　價／新台幣 420 元

國家圖書館出版品預行編目資料

國際會議規劃與管理 / 沈燕雲, 呂秋霞著. –
二版. -- 臺北縣深坑鄉：揚智文化, 2007.09
面；　公分
參考書目：面
ISBN　978-957-818-832-7 (平裝)

1. 會議管理

494.4　　96015330